PREFACE 머리말

"변화하는 시험 경향, 맞춤형 전략으로 합격의 문을 열다."

위험물기능사 실기시험의 최근 10년간 평균 합격률은 약 40%입니다. 이는 결코 낮은 수치가 아니기에, 충분히 도전해볼 만한 가치가 있는 분야입니다. 따라서 위험물기능사 실기에 처음 도전하는 수험생이라도 본 교재의 단계별 체계적인 학습을 통해 실전에 필요한 기술과 지식을 확실히 익힌다면 시험에서 원하는 결과를 반드시 얻게 될 것입니다.

2025년부터 위험물기능사 필기시험 과목이 변경되었으나, 실기시험은 이전과 동일한 "위험물 취급 실무"로 1시간 30분 동안 필답형으로 진행됩니다. 다만 최근 실기시험이 단순 암기보다는 위험물의 특성과 그에 따른 안전조치에 관한 실무적인 이해가 필요한 문제 위주로 출제된다는 것에 주목해야 합니다.

본 교재는 이러한 최신 출제 경향을 반영하여 핵심 개념의 이해부터 실전 문제풀이까지 철저하고 완벽한 학습이 가능하도록 구성되어 있으므로, 다가오는 시험에서 충분히 좋은 성과를 거둘 수 있도록 도와줄 것입니다.

위험물기능사 실기시험 합격을 위한 효과적인 학습방법을 정리하면 다음과 같습니다.

첫째, 이론학습과 동시에 기출문제를 반복적으로 풀면서 실전 감각을 키웁니다.
둘째, 최근 5개년 기출문제를 반복적으로 풀면서 출제 경향을 익힙니다.
셋째, 틀린 문제는 반드시 복습하여 취약점을 보완합니다.
넷째, 자주 출제되는 화학반응식은 반드시 암기합니다.

마지막으로, 자격증 취득을 위한 여정에서 가장 중요한 것은 지속적인 노력과 긍정적인 태도라는 것을 명심하길 바랍니다. 그리고 본 교재와 함께 차근차근 각자의 속도로 나아가며 작은 성취를 쌓길 바랍니다. 어려운 순간이 오더라도 그 경험이 스스로를 더욱 강하게 만들어 줄 것이라는 믿음으로 포기하지 않고 꾸준히 노력한다면, 합격의 기쁨은 반드시 여러분의 것이 될 것입니다.

본 교재는 수험생 여러분께 위험물기능사 실기시험에서 합격에 이르는 성공적인 여정을 위한 최고의 파트너이자 든든한 지원군이 되어 드릴 것입니다. 여러분의 합격을 진심으로 기원합니다.

편저자 김연진

GUIDE 위험물기능사 시험정보

▍위험물기능사 취득방법

구분		내용
시험과목	필기	화재예방과 소화방법, 위험물의 화학적 성질 및 취급
	실기	위험물 취급 실무
검정방법	필기	객관식 4지 택일형, 60문항(60분)
	실기	필답형(1시간 30분)
합격기준	필기	100점을 만점으로 하여 60점 이상
	실기	100점을 만점으로 하여 60점 이상

▍위험물기능사 합격률

GUIDE 위험물기능사 실기 출제기준

직무분야	화학	중직무분야	위험물	자격종목	위험물기능사	적용기간	2025.01.01.~2029.12.31.
실기검정방법		필답형			시험시간		1시간 30분

실기과목명	주요항목	세부항목
위험물 취급 실무	1. 제4류 위험물 취급	1. 성상 및 특성 / 2. 저장방법 확인하기 3. 취급방법 파악하기 / 4. 소화방법 수립하기
	2. 제1류, 제6류 위험물 취급	1. 성상 및 특성 / 2. 저장방법 확인하기 3. 취급방법 파악하기 / 4. 소화방법 수립하기
	3. 제2류, 제5류 위험물 취급	1. 성상 및 특성 / 2. 저장방법 확인하기 3. 취급방법 파악하기 / 4. 소화방법 수립하기
	4. 제3류 위험물 취급	1. 성상 및 특성 / 2. 저장방법 확인하기 3. 취급방법 파악하기 / 4. 소화방법 수립하기
	5. 위험물 운송·운반시설 기준 파악	1. 운송기준 파악하기 / 2. 운송시설 파악하기 3. 운반기준 파악하기
	6. 위험물 저장	1. 저장기준 조사하기 / 2. 탱크저장소에 저장하기 3. 옥내저장소에 저장하기 / 4. 옥외저장소에 저장하기
	7. 위험물 취급	1. 취급기준 조사하기 / 2. 제조소에서 취급하기 3. 저장소에서 취급하기 / 4. 취급소에서 취급하기
	8. 위험물 제조소 유지관리	1. 제조소의 시설기술기준 조사하기 2. 제조소의 위치 점검하기 / 3. 제조소의 구조 점검하기 4. 제조소의 설비 점검하기 / 5. 제조소의 소방시설 점검하기
	9. 위험물 저장소 유지관리	1. 저장소의 시설기술기준 조사하기 2. 저장소의 위치 점검하기 / 3. 저장소의 구조 점검하기 4. 저장소의 설비 점검하기 / 5. 저장소의 소방시설 점검하기
	10. 위험물 취급소 유지관리	1. 취급소의 시설기술기준 조사하기 2. 취급소의 위치 점검하기 / 3. 취급소의 구조 점검하기 4. 취급소의 설비 점검하기 / 5. 취급소의 소방시설 점검하기

GUIDE 구성과 특징

✅ CHECK 손글씨 핵심요약

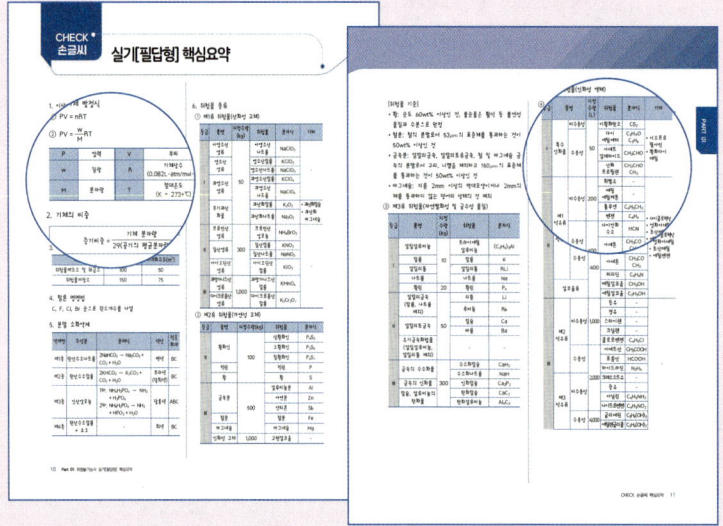

Point 1
꼭 알아야 할 중요 핵심이론 완벽 정리

Point 2
필답형 실기시험 대비에 효과적인 집중학습 가능

✅ 실기[필답형] 기출복원문제

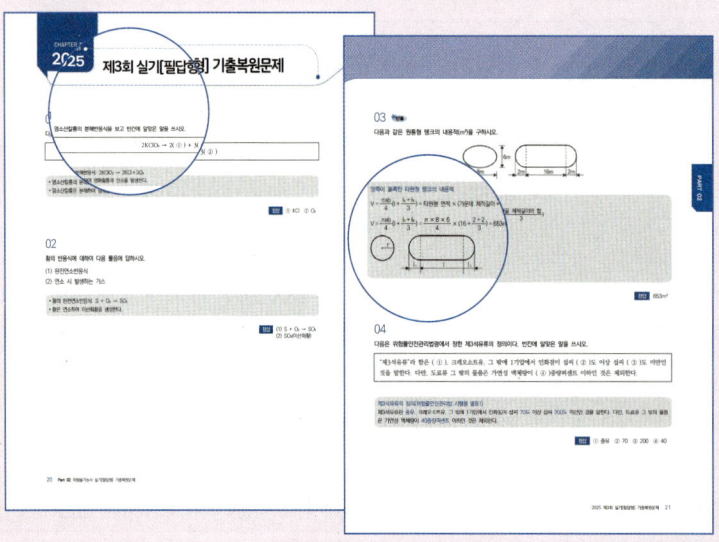

Point 1
2021년~2025년까지 5개년 총 19회차 실기[필답형] 기출복원문제 제공

Point 2
출제된 필답형 문제풀이를 통해 실전대비

✅ 실기[필답형] 모의고사

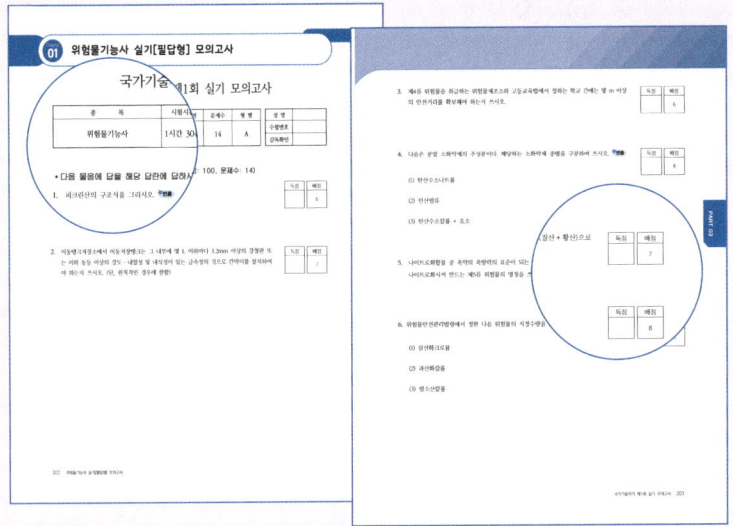

❙Point 1
실제 위험물기능사 실기[필답형] 문제 형식으로 실전 테스트

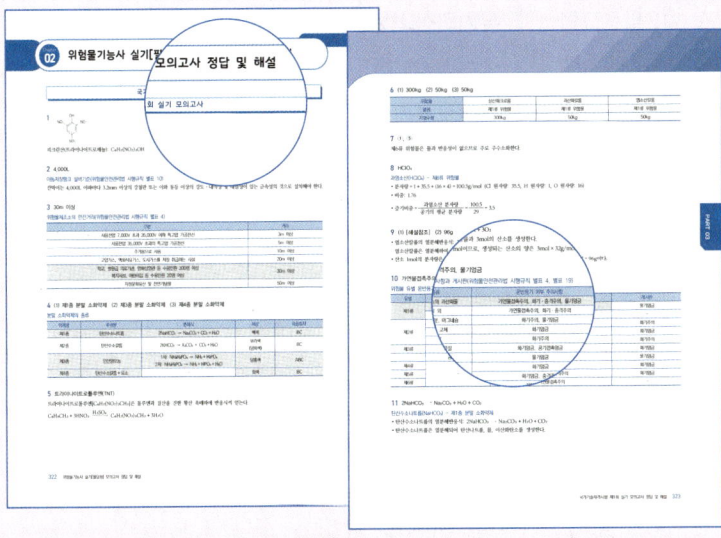

❙Point 2
문제와 해설을 분리하여 문제풀이 후 보충할 부분을 확인하고 최종마무리

GUIDE 개정 용어 정리표

위험물안전관리법령 주요 개정사항 정리표

화학 관련 주요 개정용어

개정 전 용어	개정 후 용어	개정 전 용어	개정 후 용어
브롬	브로민	히-	하이-
망간	망가니즈	디-	다이-
과망간산칼륨	과망가니즈산칼륨	트리-	트라이-
요오드	아이오딘	니트로-	나이트로-
유황	황	에테르	에터
황화린	황화인	에스테르	에스터
크롬	크로뮴	메탄	메테인
중크롬산염류	다이크로뮴산염류	에탄	에테인
시안화수소	사이안화수소	프로판	프로페인
알데히드	알데하이드	불소	플루오린
염소화이소시아눌산	염소화아이소사이아누르산	할로겐	할로젠
클레오소트유	크레오소트유	할론	하론
갑종방화문	60분+방화문, 60분방화문	을종방화문	30분방화문

제5류 위험물 개정사항(2024.4.30. 기준)

개정 전		개정 후	
1. 유기과산화물	10킬로그램	1. 유기과산화물	제1종 : 10킬로그램 제2종 : 100킬로그램
2. 질산에스테르류	10킬로그램	2. 질산에스터류	
3. 니트로화합물	200킬로그램	3. 나이트로화합물	
4. 니트로소화합물	200킬로그램	4. 나이트로소화합물	
5. 아조화합물	200킬로그램	5. 아조화합물	
6. 디아조화합물	200킬로그램	6. 다이아조화합물	
7. 히드라진 유도체	200킬로그램	7. 하이드라진 유도체	
8. 히드록실아민	100킬로그램	8. 하이드록실아민	
9. 히드록실아민염류	100킬로그램	9. 하이드록실아민염류	
10. 그 밖에 행정안전부령으로 정하는 것	10킬로그램, 100킬로그램 또는 200킬로그램	10. 그 밖에 행정안전부령으로 정하는 것	
11. 제1호 내지 제10호의 1에 해당하는 어느 하나 이상을 함유한 것		11. 제1호부터 제10호까지의 어느 하나에 해당하는 위험물을 하나 이상 함유한 것	

CONTENTS 목차

Study check 표 활용법
스스로 학습 계획을 세워서 체크하는 과정을 통해 학습자의 학습능률을 향상시키기 위해 구성하였습니다.
각 단원의 학습을 완료할 때마다 날짜를 기입하고 체크하여, 자신만의 3회독 플래너를 완성시켜보세요.

PART 01 위험물기능사 실기[필답형] 핵심요약

		Study Day		
		1st	2nd	3rd
CHECK 손글씨 실기[필답형] 핵심요약	10			

PART 02 위험물기능사 실기[필답형] 기출복원문제

			Study Day						Study Day		
			1st	2nd	3rd				1st	2nd	3rd
01	2025 제3회 실기[필답형] 기출복원문제	20				11	2023 제1회 실기[필답형] 기출복원문제	131			
02	2025 제2회 실기[필답형] 기출복원문제	31				12	2022 제4회 실기[필답형] 기출복원문제	144			
03	2025 제1회 실기[필답형] 기출복원문제	42				13	2022 제3회 실기[필답형] 기출복원문제	156			
04	2024 제4회 실기[필답형] 기출복원문제	53				14	2022 제2회 실기[필답형] 기출복원문제	167			
05	2024 제3회 실기[필답형] 기출복원문제	64				15	2022 제1회 실기[필답형] 기출복원문제	179			
06	2024 제2회 실기[필답형] 기출복원문제	75				16	2021 제4회 실기[필답형] 기출복원문제	190			
07	2024 제1회 실기[필답형] 기출복원문제	87				17	2021 제3회 실기[필답형] 기출복원문제	201			
08	2023 제4회 실기[필답형] 기출복원문제	98				18	2021 제2회 실기[필답형] 기출복원문제	214			
09	2023 제3회 실기[필답형] 기출복원문제	109				19	2021 제1회 실기[필답형] 기출복원문제	224			
10	2023 제2회 실기[필답형] 기출복원문제	120									

PART 03 위험물기능사 실기[필답형] 모의고사

			Study Day		
			1st	2nd	3rd
01	위험물기능사 실기[필답형] 모의고사	236			
02	위험물기능사 실기[필답형] 모의고사 정답 및 해설	256			

위험물기능사 실기

PART 01

위험물기능사
실기[필답형] 핵심요약

CHECK 손글씨 실기[필답형] 핵심요약

실기[필답형] 핵심요약

1. 이상기체 방정식

   ① $PV = nRT$

   ② $PV = \dfrac{w}{M}RT$

P	압력	V	부피
w	질량	R	기체상수 (0.082L·atm/mol·K)
M	분자량	T	절대온도 (K = 273+℃)

2. 기체의 비중

   $$증기비중 = \dfrac{기체\ 분자량}{29(공기의\ 평균분자량)}$$

3. 소요단위(연면적)

구분	내화구조(m²)	비내화구조(m²)
위험물제조소 및 취급소	100	50
위험물저장소	150	75

4. 할론 명명법

   C, F, Cl, Br 순으로 원소개수를 나열

5. 분말 소화약제

약제명	주성분	분해식	색상	적응 화재
제1종	탄산수소나트륨	$2NaHCO_3 \rightarrow Na_2CO_3 + CO_2 + H_2O$	백색	BC
제2종	탄산수소칼륨	$2KHCO_3 \rightarrow K_2CO_3 + CO_2 + H_2O$	보라색 (담회색)	BC
제3종	인산암모늄	1차: $NH_4H_2PO_4 \rightarrow NH_3 + H_3PO_4$ 2차: $NH_4H_2PO_4 \rightarrow NH_3 + HPO_3 + H_2O$	담홍색	ABC
제4종	탄산수소칼륨 + 요소	-	회색	BC

6. 위험물 종류

   ① 제1류 위험물(산화성 고체)

등급	품명	지정수량 (kg)	위험물	분자식	기타
I	아염소산 염류	50	아염소산 나트륨	$NaClO_2$	-
I	염소산 염류	50	염소산칼륨	$KClO_3$	-
I	염소산 염류	50	염소산나트륨	$NaClO_3$	-
I	과염소산 염류	50	과염소산칼륨	$KClO_4$	-
I	과염소산 염류	50	과염소산 나트륨	$NaClO_4$	-
I	무기과산 화물	50	과산화칼륨	K_2O_2	• 과산화칼슘 • 과산화 마그네슘
I	무기과산 화물	50	과산화나트륨	Na_2O_2	• 과산화칼슘 • 과산화 마그네슘
II	브로민산 염류	300	브로민산 암모늄	NH_4BrO_3	-
II	질산염류	300	질산칼륨	KNO_3	-
II	질산염류	300	질산나트륨	$NaNO_3$	-
II	아이오딘산 염류	300	아이오딘산 칼륨	KIO_3	-
III	과망가니즈산 염류	1,000	과망가니즈산 칼륨	$KMnO_4$	-
III	다이크로뮴산 염류	1,000	다이크로뮴산 칼륨	$K_2Cr_2O_7$	-

   ② 제2류 위험물(가연성 고체)

등급	품명	지정수량(kg)	위험물	분자식
II	황화인	100	삼황화인	P_4S_3
II	황화인	100	오황화인	P_2S_5
II	황화인	100	칠황화인	P_4S_7
II	적린	100	적린	P
II	황	100	황	S
III	금속분	500	알루미늄분	Al
III	금속분	500	아연분	Zn
III	금속분	500	안티몬	Sb
III	철분	500	철분	Fe
III	마그네슘	500	마그네슘	Mg
III	인화성 고체	1,000	고형알코올	-

[위험물 기준]
- 황: 순도 60wt% 이상인 것, 불순물은 활석 등 불연성 물질과 수분으로 한정
- 철분: 철의 분말로서 53μm의 표준체를 통과하는 것이 50wt% 이상인 것
- 금속분: 알칼리금속, 알칼리토류금속, 철 및 마그네슘 금속의 분말로서 구리, 니켈을 제외하고 150μm의 표준체를 통과하는 것이 50wt% 이상인 것
- 마그네슘: 지름 2mm 이상의 막대모양이거나 2mm의 체를 통과하지 않는 덩어리 상태의 것 제외

③ 제3류 위험물(자연발화성 및 금수성 물질)

등급	품명	지정수량(kg)	위험물	분자식
I	알킬알루미늄	10	트라이에틸알루미늄	$(C_2H_5)_3Al$
	칼륨		칼륨	K
	알킬리튬		알킬리튬	RLi
	나트륨		나트륨	Na
	황린	20	황린	P_4
II	알칼리금속 (칼륨, 나트륨 제외)	50	리튬	Li
			루비듐	Rb
	알칼리토금속		칼슘	Ca
			바륨	Ba
	유기금속화합물 (알킬알루미늄, 알킬리튬 제외)		-	-
III	금속의 수소화물	300	수소화칼슘	CaH_2
			수소화나트륨	NaH
	금속의 인화물		인화칼슘	Ca_3P_2
	칼슘, 알루미늄의 탄화물		탄화칼슘	CaC_2
			탄화알루미늄	Al_4C_3

④ 제4류 위험물(인화성 액체)

등급	품명	지정수량(L)		위험물	분자식	기타
I	특수인화물	50	비수용성	이황화탄소	CS_2	• 이소프로필아민 • 황화다이메틸
				다이에틸에터	$C_2H_5OC_2H_5$	
			수용성	아세트알데하이드	CH_3CHO	
				산화프로필렌	CH_2CHOCH_3	
II	제1석유류	200	비수용성	휘발유	-	• 사이클로헥산 • 염화아세틸 • 초산메틸 • 에틸벤젠
				메틸에틸케톤	-	
				톨루엔	$C_6H_5CH_3$	
				벤젠	C_6H_6	
		400	수용성	사이안화수소	HCN	
				아세톤	CH_3COCH_3	
				피리딘	C_5H_5N	
	알코올류			메틸알코올	CH_3OH	
				에틸알코올	C_2H_5OH	
III	제2석유류	1,000	비수용성	등유	-	-
				경유	-	
				스타이렌	-	
				크실렌	-	
				클로로벤젠	C_6H_5Cl	
		2,000	수용성	아세트산	CH_3COOH	
				포름산	HCOOH	
				하이드라진	N_2H_4	
	제3석유류	2,000	비수용성	크레오소트유	-	
				중유	-	
				아닐린	$C_6H_5NH_2$	
				나이트로벤젠	$C_6H_5NO_2$	
		4,000	수용성	글리세린	$C_3H_5(OH)_3$	
				에틸렌글리콜	$C_2H_4(OH)_2$	

	제4석유류	6,000	윤활유	-
			기어유	
			실린더유	
	동식물유류	10,000	대구유	-
			정어리유	
			해바라기유	
			들기름	
			아마인유	

[위험물 기준]
- 특수인화물: 이황화탄소, 다이에틸에터 그 밖에 1기압에서 발화점이 섭씨 100도 이하인 것 또는 인화점이 섭씨 영하 20도 이하이고 비점이 섭씨 40도 이하인 것
- 제1석유류: 아세톤, 휘발유 그 밖에 1기압에서 인화점이 섭씨 21도 미만인 것
- 제2석유류: 등유, 경유 그 밖에 1기압에서 인화점이 섭씨 21도 이상 70도 미만인 것
- 제3석유류: 중유, 크레오소트유, 그 밖에 1기압에서 인화점이 섭씨 70도 이상 섭씨 200도 미만인 것을 말한다. 다만, 도료류 그 밖의 물품은 가연성 액체량이 40중량퍼센트 이하인 것은 제외한다.
- 제4석유류: 기어유, 실린더유 그 밖에 1기압에서 인화점이 섭씨 200도 이상 섭씨 250도 미만의 것을 말한다. 다만 도료류 그 밖의 물품은 가연성 액체량이 40중량퍼센트 이하인 것은 제외한다.

[동식물유류 종류]

구분	아이오딘값	불포화도	종류
건성유	130 이상	큼	대구유, 정어리유, 상어유, 해바라기유, 동유, 아마인유, 들기름
반건성유	100 초과 130 미만	중간	면실유, 청어유, 쌀겨유, 옥수수유, 채종유, 참기름, 콩기름
불건성유	100 이하	작음	소기름, 돼지기름, 고래기름, 올리브유, 팜유, 땅콩기름, 피마자유, 야자유

⑤ 제5류 위험물(자기반응성 물질)

등급	품명	지정수량(kg) 제1종: 10kg 제2종: 100kg	위험물	분자식	기타
I	질산 에스터류	종 판단 필요	질산메틸	CH_3ONO_2	-
			질산에틸	$C_2H_5ONO_2$	
		10	나이트로글리세린	$C_3H_5(ONO_2)_3$	
			나이트로글리콜	-	
			나이트로셀룰로오스	-	
		100	셀룰로이드		
	유기과산화물	100	과산화벤조일	-	-
			아세틸퍼옥사이드	-	
	하이드록실아민	100		NH_2OH	-
	하이드록실아민염류			-	
II	나이트로화합물	10	트라이나이트로톨루엔	$C_6H_2(NO_2)_3CH_3$	• 다이나이트로벤젠 • 다이나이트로톨루엔
			트라이나이트로페놀	$C_6H_2(NO_2)_3OH$	
			테트릴		
	나이트로소화합물	100	-		
	아조화합물	10	1H-Tetrazol-5-amine 등	-	
		종 판단 필요	아자이드화납 등		
		100	아조비스이소부티로니트릴 등		
	다이아조화합물	종 판단 필요			
	하이드라진유도체	100			
	질산구아니딘	종 판단 필요			

[상온 중 액체 또는 고체인 위험물 품명]

품명	위험물	상태
질산 에스터류	질산메틸 질산에틸 나이트로글리콜 나이트로글리세린	액체
	나이트로셀룰로오스 셀룰로이드	고체
나이트로화합물	트라이나이트로톨루엔 트라이나이트로페놀 다이나이트로벤젠 테트릴	고체

[트라이나이트로페놀과 트라이나이트로톨루엔의 구조식]

트라이나이트로페놀 [$C_6H_2(NO_2)_3OH$]	트라이나이트로톨루엔 [$C_6H_2(NO_2)_3CH_3$]

⑥ 제6류 위험물(산화성 액체)

등급	위험물	지정수량(kg)	분자식	기타
I	질산	300	HNO_3	-
	과산화수소		H_2O_2	-
	과염소산		$HClO_4$	
	할로젠간 화합물		BrF_3	삼플루오린화브로민
			BrF_5	오플루오린화브로민
			IF_5	오플루오린화아이오딘

[위험물 기준]
- 질산 ⇒ 비중 1.49 이상
- 과산화수소 ⇒ 농도 36wt% 이상

7. 위험물별 특징

① 위험물별 피복유형

위험물	종류	피복
제1류	알칼리금속과산화물	방수성, 차광성
	그 외	차광성
제2류	철분, 금속분, 마그네슘	방수성
제3류	자연발화성 물질	차광성
	금수성 물질	방수성
제4류	특수인화물	차광성
제5류		차광성
제6류	-	차광성

② 위험물별 유별 주의사항과 게시판

유별	종류	운반용기 외부 주의사항	게시판
제1류	알칼리금속 과산화물	가연물접촉주의, 화기·충격주의, 물기엄금	물기엄금
	그 외	가연물접촉주의, 화기·충격주의	-
제2류	철분, 금속분, 마그네슘	화기주의, 물기엄금	화기주의
	인화성 고체	화기엄금	화기엄금
	그 외	화기주의	화기주의
제3류	자연발화성 물질	화기엄금, 공기접촉엄금	화기엄금
	금수성 물질	물기엄금	물기엄금
제4류		화기엄금	화기엄금
제5류	-	화기엄금, 충격주의	화기엄금
제6류		가연물접촉주의	-

③ 게시판 종류 및 바탕, 문자색

종류	바탕색	문자색
위험물제조소	백색	흑색
위험물	흑색	황색
주유 중 엔진정지	황색	흑색
화기엄금	적색	백색
물기엄금	청색	백색

④ 혼재 가능한 위험물(단, 지정수량의 1/10배를 초과하는 경우)

1	6		혼재 가능
2	5	4	혼재 가능
3	4		혼재 가능

8. 안전거리

구분	거리
사용전압 7,000V 초과 35,000V 이하의 특고압 가공전선	3m 이상
사용전압 35,000V 초과의 특고압 가공전선	5m 이상
주거용으로 사용	10m 이상
고압가스, 액화석유가스, 도시가스를 저장, 취급하는 시설	20m 이상
• 학교, 병원급 의료기관 • 공연장, 영화상영관 및 그 밖에 이와 유사한 시설로서 수용인원 300명 이상인 것 • 아동복지시설, 노인복지시설, 장애인복지시설, 한부모가족복지시설, 어린이집, 성매매피해자등을 위한 지원시설, 정신건강증진시설, 보호시설 및 그 밖에 이와 유사한 시설로서 수용인원 20명 이상인 것	30m 이상
지정문화유산 및 천연기념물 등	50m 이상

9. 환기설비 바닥면적 150m² 미만인 경우 급기구 면적

바닥면적	급기구 면적
60m² 미만	150cm² 이상
60m² 이상 90m² 미만	300cm² 이상
90m² 이상 120m² 미만	450cm² 이상
120m² 이상 150m² 미만	600cm² 이상

10. 보유공지

① 옥외탱크저장소

위험물의 최대수량	공지의 너비
지정수량의 500배 이하	3m 이상
지정수량의 500배 초과 1,000배 이하	5m 이상
지정수량의 1,000배 초과 2,000배 이하	9m 이상
지정수량의 2,000배 초과 3,000배 이하	12m 이상
지정수량의 3,000배 초과 4,000배 이하	15m 이상
지정수량의 4,000배 초과	탱크의 수평단면의 최대지름과 높이 중 큰 것 이상 ① 소: 15m 이상 ② 대: 30m 이하

② 옥내저장소

위험물 최대수량	공지의 너비	
	벽, 기둥 및 바닥: 내화구조	그 밖의 건축물
지정수량의 5배 이하	-	0.5m 이상
지정수량의 5배 초과 10배 이하	1m 이상	1.5m 이상
지정수량의 10배 초과 20배 이하	2m 이상	3m 이상
지정수량의 20배 초과 50배 이하	3m 이상	5m 이상
지정수량의 50배 초과 200배 이하	5m 이상	10m 이상
지정수량의 200배 초과	10m 이상	15m 이상

③ 위험물제조소

취급하는 위험물의 최대수량	공지의 너비
지정수량의 10배 이하	3m 이상
지정수량의 10배 초과	5m 이상

11. 각 저장소 구조 및 설비 기준

옥외탱크저장소	• 방유제는 높이 0.5m 이상 3m 이하, 두께 0.2m 이상, 지하매설깊이 1m 이상으로 할 것 • 방유제 내의 면적은 8만m² 이하로 할 것 • 방유제 내에 설치하는 옥외저장탱크의 수는 10 (방유제 내에 설치하는 모든 옥외저장탱크의 용량이 20만L 이하이고, 당해 옥외저장탱크에 저장 또는 취급하는 위험물의 인화점이 70℃ 이상 200℃ 미만인 경우에는 20) 이하로 할 것
옥내탱크저장소	• 옥내저장탱크와 탱크전용실의 벽과의 사이 및 옥내저장탱크의 상호 간에는 0.5m 이상의 간격을 유지할 것(다만, 탱크의 점검 및 보수에 지장이 없는 경우에는 그러하지 아니함) • 옥내저장탱크의 용량(동일한 탱크전용실에 옥내저장탱크를 2 이상 설치하는 경우에는 각 탱크의 용량의 합계)은 지정수량의 40배(제4석유류 및 동식물유류 외의 제4류 위험물에 있어서 당해 수량이 20,000L를 초과할 때에는 20,000L) 이하일 것

이동탱크 저장소	• 이동저장탱크는 그 내부에 4,000L 이하마다 3.2mm 이상의 강철판 또는 이와 동등 이상의 강도·내열성 및 내식성이 있는 금속성의 것으로 칸막이를 설치하여야 함(다만, 고체인 위험물을 저장하거나 고체인 위험물을 가열하여 액체 상태로 저장하는 경우에는 그러하지 아니함) • 위 규정에 의한 칸막이로 구획된 각 부분마다 맨홀과 위험물안전관리법령에 의한 안전장치 및 방파판을 설치하여야 함 • 안전장치상용압력이 20kPa 이하인 탱크에 있어서는 20kPa 이상 24kPa 이하의 압력에서, 상용압력이 20kPa를 초과하는 탱크에 있어서는 상용압력의 1.1배 이하의 압력에서 작동하는 것으로 할 것
간이탱크 저장소	• 하나의 간이탱크저장소에 설치하는 간이저장탱크는 그 수를 3 이하로 하고, 동일한 품질의 위험물의 간이저장탱크를 2 이상 설치하지 아니하여야 함 • 간이저장탱크의 용량은 600L 이하이어야 함 • 간이저장탱크는 두께 3.2mm 이상의 강판으로 흠이 없도록 제작하여야 하며, 70kPa의 압력으로 10분간의 수압시험을 실시하여 새거나 변형되지 아니하여야 함
지하저장 탱크	• 지하저장탱크는 용량에 따라 기준에 적합하게 강철판 또는 동등 이상의 성능이 있는 금속재질로 완전용입용접 또는 양면겹침이음용접으로 틈이 없도록 만드는 동시에, 압력탱크(최대상용압력이 46.7kPa 이상인 탱크) 외의 탱크에 있어서는 70kPa의 압력으로, 압력탱크에 있어서는 최대상용압력의 1.5배의 압력으로 각각 10분간 수압시험을 실시하여 새거나 변형되지 아니하여야 함 • 이 경우 수압시험은 소방청장이 정하여 고시하는 기밀시험과 비파괴시험을 동시에 실시하는 방법으로 대신할 수 있음

12. 판매취급소
① 점포에서 위험물을 용기에 담아 판매하기 위해 지정수량의 40배 이하의 위험물을 취급하는 장소를 뜻함
② 저장 또는 취급하는 위험물의 수량에 따라 제1종(지정수량 20배 이하)과 제2종(지정수량 40배 이하)으로 구분

13. 탱크의 용적산정기준
① 횡으로 설치한 것(원통형 탱크)

$$V = \pi r^2 (l + \frac{l_1 + l_2}{3})(1 - 공간용적)$$

② 종으로 설치한 것(원통형 탱크)

$$V = \pi r^2 l$$

③ 양쪽이 볼록한 타원형 탱크의 내용적

$$\frac{\pi ab}{4}(l + \frac{l_1 + l_2}{3})$$

14. 아세트알데하이드등의 저장기준

보냉장치 있는 경우	보냉장치 없는 경우
이동저장탱크에 저장하는 아세트알데하이드등의 온도는 당해 위험물의 비점 이하로 유지할 것	이동저장탱크에 저장하는 아세트알데하이드등의 온도는 40℃ 이하로 유지할 것

15. 위험물운송자가 장거리 운송을 할 때에 2명 이상의 운전자로 하지 않아도 되는 경우
① 운전책임자의 동승
  운송책임자가 별도의 사무실이 아닌 이동탱크저장소에 함께 동승한 경우(운송책임자가 운전자의 역할을 하지 않아야 함)
② 운송위험물의 위험성이 낮은 경우
  운송하는 위험물이 제2류 위험물, 제3류 위험물(칼슘 또는 알루미늄의 탄화물과 이것만을 함유한 것), 제4류 위험물(특수인화물 제외)인 경우
③ 적당한 휴식을 취하는 경우
  운송 도중에 2시간 이내마다 20분 이상씩 휴식하는 경우

16. 자체소방대

제조소 또는 일반취급소에서 취급하는 제4류 위험물의 최대수량 합	화학소방자동차 (대)	자체 소방대원 수 (인)
지정수량의 3천배 이상 12만배 미만인 사업소	1	5
지정수량의 12만배 이상 24만배 미만인 사업소	2	10
지정수량의 24만배 이상 48만배 미만인 사업소	3	15
지정수량의 48만배 이상인 사업소	4	20
옥외탱크저장소에 저장하는 제4류 위험물의 최대수량이 지정수량의 50만배 이상인 사업소	2	10

17. 시험문제에 자주 나오는 위험물 화학반응식

① 탄화알루미늄과 물의 반응식

- $Al_4C_3 + 12H_2O \rightarrow 4Al(OH)_3 + 3CH_4$
- 탄화알루미늄은 물과 반응하여 수산화알루미늄과 메탄을 발생

② 알루미늄분과 물의 반응식

- $2Al + 6H_2O \rightarrow 2Al(OH)_3 + 3H_2$
- 알루미늄분은 물과 반응하여 수산화알루미늄과 수소를 발생

③ 탄화칼슘과 물의 반응식

- $CaC_2 + 2H_2O \rightarrow Ca(OH)_2 + C_2H_2$
- 탄화칼슘은 물과 반응하여 수산화칼슘과 아세틸렌을 발생

④ 인화칼슘과 물의 반응식

- $Ca_3P_2 + 6H_2O \rightarrow 3Ca(OH)_2 + 2PH_3$
- 인화칼슘은 물과 반응하여 수산화칼슘과 포스핀가스를 발생

⑤ 황린의 연소반응식

- $P_4 + 5O_2 \rightarrow 2P_2O_5$
- 황린은 연소하여 오산화인을 생성

⑥ 적린의 연소반응식

- $4P + 5O_2 \rightarrow 2P_2O_5$
- 적린은 연소하여 오산화인을 생성

⑦ 벤젠의 연소반응식

- $2C_6H_6 + 15O_2 \rightarrow 12CO_2 + 6H_2O$
- 벤젠은 연소하여 이산화탄소와 물을 생성

⑧ 이황화탄소와 물의 반응식

- $CS_2 + 2H_2O \rightarrow CO_2 + 2H_2S$
- 이황화탄소는 물과 반응하여 이산화탄소와 황화수소를 발생

⑨ 과산화나트륨과 물의 반응식

- $2Na_2O_2 + 2H_2O \rightarrow 4NaOH + O_2$
- 과산화나트륨은 물과 반응하여 수산화나트륨과 산소를 발생

⑩ 과산화칼륨과 물의 반응식

- $2K_2O_2 + 2H_2O \rightarrow 4KOH + O_2$
- 과산화칼륨은 물과 반응하여 수산화칼륨과 산소를 발생

⑪ 삼황화인의 연소반응식

- $P_4S_3 + 8O_2 \rightarrow 2P_2O_5 + 3SO_2$
- 삼황화인은 연소하여 오산화인과 이산화황을 생성

⑫ 오황화인의 연소반응식

- $2P_2S_5 + 15O_2 \rightarrow 2P_2O_5 + 10SO_2$
- 오황화인은 연소하여 오산화인과 이산화황을 생성

⑬ 트라이메틸알루미늄의 연소반응식

- $2(CH_3)_3Al + 12O_2 \rightarrow Al_2O_3 + 6CO_2 + 9H_2O$
- 트라이메틸알루미늄은 연소하여 산화알루미늄, 이산화탄소, 물을 생성

⑭ 트라이에틸알루미늄과 물의 반응식

- $(C_2H_5)_3Al + 3H_2O \rightarrow Al(OH)_3 + 3C_2H_6$
- 트라이에틸알루미늄은 물과 반응하여 수산화알루미늄과 에탄을 발생

⑮ 칼륨과 에틸알코올의 반응식

- $2K + 2C_2H_5OH \rightarrow 2C_2H_5OK + H_2$
- 칼륨은 에틸알코올과 반응하여 칼륨에틸레이트와 수소를 발생

⑯ 아염소산나트륨의 열분해반응식

- $NaClO_2 \rightarrow NaCl + O_2$
- 아염소산나트륨은 완전열분해하여 염화나트륨과 산소를 방출

⑰ 염소산칼륨의 분해반응식

- $2KClO_3 \rightarrow 2KCl + 3O_2$
- 염소산칼륨은 분해되어 염화칼륨과 산소를 생성

⑱ 마그네슘의 연소반응식

- $2Mg + O_2 \rightarrow 2MgO$
- 마그네슘은 연소하여 산화마그네슘을 생성

⑲ 마그네슘과 물의 반응식

- $Mg + 2H_2O \rightarrow Mg(OH)_2 + H_2$
- 마그네슘은 물과 반응하여 수산화마그네슘과 수소를 발생

⑳ 수소화칼슘과 물의 반응식

- $CaH_2 + 2H_2O \rightarrow Ca(OH)_2 + 2H_2$
- 수소화칼슘은 물과 반응하여 수산화칼슘과 수소를 발생

㉑ 인화알루미늄과 물의 반응식

- $AlP + 3H_2O \rightarrow Al(OH)_3 + PH_3$
- 인화알루미늄은 물과 반응하여 수산화알루미늄과 포스핀을 발생

㉒ 탄화리튬과 물의 반응식

- $Li_2C_2 + 2H_2O \rightarrow 2LiOH + C_2H_2$
- 탄화리튬은 물과 반응하여 수산화리튬과 아세틸렌을 발생

㉓ 아연과 물의 반응식

- $Zn + 2H_2O \rightarrow Zn(OH)_2 + H_2$
- 아연은 물과 반응하여 수산화아연과 수소를 발생

㉔ 아연과 염산의 반응식

- $Zn + 2HCl \rightarrow ZnCl_2 + H_2$
- 아연은 염산과 반응하여 염화아연과 수소를 발생

18. 시험문제에 자주 나오는 위험물별 인화점

위험물	인화점
톨루엔	4℃
아세톤	-18℃
벤젠	-11℃
다이에틸에터	-45℃
아세트산	40℃
아세트알데하이드	-38℃
에틸알코올	13℃
나이트로벤젠	88℃

위험물기능사 실기

PART 02

위험물기능사 실기[필답형] 기출복원문제

Chapter 01~03   2025 실기[필답형] 기출복원문제
Chapter 04~07   2024 실기[필답형] 기출복원문제
Chapter 08~11   2023 실기[필답형] 기출복원문제
Chapter 12~15   2022 실기[필답형] 기출복원문제
Chapter 16~19   2021 실기[필답형] 기출복원문제

CHAPTER 01

2025 제3회 실기[필답형] 기출복원문제

01

다음 염소산칼륨의 분해반응식을 보고 빈칸에 알맞은 말을 쓰시오.

$$2KClO_3 \rightarrow 2(\text{①}) + 3(\text{②})$$

- 염소산칼륨의 분해반응식: $2KClO_3 \rightarrow 2KCl + 3O_2$
- 염소산칼륨은 분해하여 염화칼륨과 산소를 발생한다.

정답 ① KCl ② O_2

02

황의 반응식에 대하여 다음 물음에 답하시오.

(1) 완전연소반응식
(2) 연소 시 발생하는 가스

- 황의 완전연소반응식: $S + O_2 \rightarrow SO_2$
- 황은 연소하여 이산화황을 생성한다.

정답 (1) $S + O_2 \rightarrow SO_2$
(2) SO_2(이산화황)

03 ✈빈출

다음과 같은 원통형 탱크의 내용적(m³)을 구하시오.

양쪽이 볼록한 타원형 탱크의 내용적

$V = \dfrac{\pi ab}{4}(l + \dfrac{l_1 + l_2}{3})$ = 타원형 면적 × (가운데 체적길이 + $\dfrac{\text{양끝 체적길이의 합}}{3}$)

$V = \dfrac{\pi ab}{4}(l + \dfrac{l_1 + l_2}{3}) = \dfrac{\pi \times 8 \times 6}{4} \times (16 + \dfrac{2+2}{3}) = 653 m^3$

정답 653m³

04

다음은 위험물안전관리법령에서 정한 제3석유류의 정의이다. 빈칸에 알맞은 말을 쓰시오.

"제3석유류"라 함은 (①), 크레오소트유, 그 밖에 1기압에서 인화점이 섭씨 (②)도 이상 섭씨 (③)도 미만인 것을 말한다. 다만, 도료류 그 밖의 물품은 가연성 액체량이 (④)중량퍼센트 이하인 것은 제외한다.

제3석유류의 정의(위험물안전관리법 시행령 별표1)
제3석유류란 중유, 크레오소트유, 그 밖에 1기압에서 인화점이 섭씨 70도 이상 섭씨 200도 미만인 것을 말한다. 다만, 도료류 그 밖의 물품은 가연성 액체량이 40중량퍼센트 이하인 것은 제외한다.

정답 ① 중유 ② 70 ③ 200 ④ 40

05

[보기]를 보고 제4류 위험물의 특징으로 알맞은 것을 고르시오.

―――[보기]―――
① 물에 녹지 않는 비수용성이다.
② 분자 내에 산소를 함유하고 있어 분해 시 산소를 발생한다.
③ 비중은 1보다 작아 물보다 가볍다.
④ 증기비중은 공기보다 가볍기 때문에 높은 곳에 체류한다.
⑤ 모두 무기화합물이다.

② 분자 내에 산소를 함유하여 분해 시 산소를 발생하는 위험물은 주로 제1류 위험물이다.
④ 제4류 위험물은 증기비중이 공기보다 무거워 낮은 곳에 체류한다.
⑤ 제1류 위험물인 산화성 고체의 경우 모두 무기화합물이다.

정답 ①, ③

06

다음은 위험물안전관리법령에서 정한 용어의 정의이다. 빈칸에 알맞은 말을 쓰시오.

(1) 위험물: (①) 또는 (②) 등의 성질을 가지는 것으로서 대통령령이 정하는 물품을 말한다.
(2) (③): 위험물의 종류별로 위험성을 고려하여 대통령령이 정하는 수량으로서 규정에 의한 제조소등의 설치허가 등에 있어서 최저의 기준이 되는 수량을 말한다.

위험물과 지정수량의 정의(위험물안전관리법 제2조)
(1) 위험물이라 함은 인화성 또는 발화성 등의 성질을 가지는 것으로서 대통령령이 정하는 물품을 말한다.
(2) 지정수량이라 함은 위험물의 종류별로 위험성을 고려하여 대통령령이 정하는 수량으로서 규정에 의한 제조소등의 설치허가 등에 있어서 최저의 기준이 되는 수량을 말한다.

정답 ① 인화성 ② 발화성 ③ 지정수량

07

아세트알데하이드가 산화되어 아세트산이 되는 과정과 환원되어 에틸알코올이 되는 과정을 화학반응식으로 나타내시오.

(1) 산화반응
(2) 환원반응

> (1) 아세트알데하이드의 산화반응
>   - $2CH_3CHO + O_2 \rightarrow 2CH_3COOH$
>   - 아세트알데하이드가 산소에 의해 산화되면 아세트산이 발생된다.
> (2) 아세트알데하이드의 환원반응
>   - $CH_3CHO + H_2 \rightarrow C_2H_5OH$
>   - 아세트알데하이드가 수소에 의해 환원되면 에틸알코올이 발생된다.

정답 (1) $2CH_3CHO + O_2 \rightarrow 2CH_3COOH$
(2) $CH_3CHO + H_2 \rightarrow C_2H_5OH$

08

다음 빈칸에 알맞은 말을 쓰시오.

> 휘발유를 저장하던 이동저장탱크에 등유나 경유를 주입할 때 또는 등유나 경유를 저장하던 이동저장탱크에 휘발유를 주입할 때에는 다음의 기준에 따라 정전기 등에 의한 재해를 방지하기 위한 조치를 할 것
> - 이동저장탱크의 상부로부터 위험물을 주입할 때에는 위험물의 액표면이 주입관의 끝부분을 넘는 높이가 될 때까지 그 주입관 내의 유속을 초당 (①) 이하로 할 것
> - 이동저장탱크의 밑부분으로부터 위험물을 주입할 때에는 위험물의 액표면이 주입관의 정상부분을 넘는 높이가 될 때까지 그 주입배관 내의 유속을 초당 (②) 이하로 할 것
> - 그 밖의 방법에 의한 위험물의 주입은 이동저장탱크에 가연성 증기가 잔류하지 아니하도록 조치하고 안전한 상태로 있음을 확인한 후에 할 것

이동탱크저장소에서의 취급기준(위험물안전관리법 시행규칙 별표 8)
휘발유를 저장하던 이동저장탱크에 등유나 경유를 주입할 때 또는 등유나 경유를 저장하던 이동저장탱크에 휘발유를 주입할 때에는 다음의 기준에 따라 정전기 등에 의한 재해를 방지하기 위한 조치를 할 것
- 이동저장탱크의 상부로부터 위험물을 주입할 때에는 위험물의 액표면이 주입관의 끝부분을 넘는 높이가 될 때까지 그 주입관 내의 유속을 초당 **1m** 이하로 할 것
- 이동저장탱크의 밑부분으로부터 위험물을 주입할 때에는 위험물의 액표면이 주입관의 정상부분을 넘는 높이가 될 때까지 그 주입배관 내의 유속을 초당 **1m** 이하로 할 것
- 그 밖의 방법에 의한 위험물의 주입은 이동저장탱크에 가연성 증기가 잔류하지 아니하도록 조치하고 안전한 상태로 있음을 확인한 후에 할 것

정답 ① 1m ② 1m

09 빈출

다음 게시판에 대하여 표지의 바탕과 문자의 색상을 각각 쓰시오.

(1) 화기엄금
(2) 위험물제조소등
(3) 주유 중 엔진정지

게시판의 종류별 바탕색 및 문자색

종류	바탕색	문자색
위험물제조소등	백색	흑색
위험물	흑색	황색
주유 중 엔진정지	황색	흑색
화기엄금	적색	백색
물기엄금	청색	백색

정답 (1) 적색바탕, 백색문자 (2) 백색바탕, 흑색문자 (3) 황색바탕, 흑색문자

10

위험물안전관리법령상 간이탱크저장소에 대하여 빈칸에 알맞은 답을 쓰시오.

- 하나의 간이탱크저장소에 설치하는 간이저장탱크는 그 수를 (①) 이하로 하고, 동일한 품질의 위험물의 간이저장탱크를 2 이상 설치하지 아니하여야 한다.
- 간이저장탱크의 용량은 (②)L 이하이어야 한다.
- 간이저장탱크는 두께 (③)mm 이상의 강판으로 흠이 없도록 제작하여야 하며, 70kPa의 압력으로 10분간의 수압시험을 실시하여 새거나 변형되지 아니하여야 한다.

간이탱크저장소의 설치기준(위험물안전관리법 시행규칙 별표9)
- 하나의 간이탱크저장소에 설치하는 간이저장탱크는 그 수를 3 이하로 하고, 동일한 품질의 위험물의 간이저장탱크를 2 이상 설치하지 아니하여야 한다.
- 간이저장탱크의 용량은 600L 이하이어야 한다.
- 간이저장탱크는 두께 3.2mm 이상의 강판으로 흠이 없도록 제작하여야 하며, 70kPa의 압력으로 10분간의 수압시험을 실시하여 새거나 변형되지 아니하여야 한다.

정답 ① 3 ② 600 ③ 3.2

11 ★빈출

다음 위험물의 구조식을 쓰시오.

(1) 트라이나이트로톨루엔
(2) 트라이나이트로페놀

구분	트라이나이트로톨루엔(TNT)	트라이나이트로페놀(피크린산)
구조식	(구조식: 톨루엔에 CH_3, 2,4,6위치에 NO_2 3개)	(구조식: 페놀에 OH, 2,4,6위치에 NO_2 3개)
분자식	$C_6H_2(NO_2)_3CH_3$	$C_6H_2(NO_2)_3OH$

정답
(1) TNT 구조식 (CH_3, O_2N, NO_2, NO_2)
(2) 피크린산 구조식 (OH, O_2N, NO_2, NO_2)

12

나이트로글리세린의 분해반응식을 쓰시오.

- 나이트로글리세린의 분해반응식: $4C_3H_5(ONO_2)_3 \rightarrow 10H_2O + 6N_2 + 12CO_2 + O_2$
- 나이트로글리세린은 분해되어 물, 질소, 이산화탄소, 산소를 생성한다.

정답 $4C_3H_5(ONO_2)_3 \rightarrow 10H_2O + 6N_2 + 12CO_2 + O_2$

13 ★빈출

124kg의 적린이 표준상태에서 완전연소할 때 필요한 공기의 부피는 몇 m³인지 구하시오. (단, 공기 중 산소의 양은 21vol%이고 적린의 분자량은 31이다.)

(1) 계산과정
(2) 답

- 적린의 완전연소반응식: $4P + 5O_2 \rightarrow 2P_2O_5$
  적린은 완전연소하여 오산화인을 생성한다.
- 이상기체방정식을 이용하여 공기의 부피를 구하기 위해 $PV = \dfrac{wRT}{M}$의 식을 사용한다.
- 적린과 산소는 4 : 5의 비율로 반응하고 공기 중 산소의 양은 21%이므로 다음과 같은 식이 된다.
  $\rightarrow V = \dfrac{wRT}{PM} = \dfrac{124 \times 0.082 \times 273}{1 \times 31} \times \dfrac{5}{4} \times \dfrac{1}{0.21} = 533 m^3$

[표준상태: 0℃, 1기압]
- P: 압력(1atm)
- w: 질량 → 124kg
- M: 분자량 → 적린(P)의 분자량 = 31
- V: 부피(L)
- R: 기체상수(0.082m³·atm/kmol·K)
- T: 온도(K, 절대온도로 변환하기 위해 273을 더한다.) → 0 + 273 = 273K

정답 (1) [해설참조] (2) 533m³

14

다음 화재별 급수에 따른 화재의 종류를 보고 빈칸에 알맞은 말을 쓰시오.

급수	화재
(①)	일반
B	(②)
C	(③)
(④)	금속

급수	화재	물질
A	일반	목재, 섬유 등
B	유류	유류, 가스 등
C	전기	낙뢰, 합선 등
D	금속	Na, K 등

정답 ① A ② 유류 ③ 전기 ④ D

15

제6류 위험물에 대하여 다음 물음에 답하시오. (해당하지 않으면 "해당 없음"이라 쓰시오.)

(1) 질산
- 화학식
- 위험물 기준

(2) 과염소산
- 화학식
- 위험물 기준

(3) 과산화수소
- 화학식
- 위험물 기준

제6류 위험물(산화성 액체)

위험물	화학식	위험물 기준	지정수량
질산	HNO_3	비중 1.49 이상	300kg
과염소산	$HClO_4$	-	
과산화수소	H_2O_2	농도 36wt% 이상	

정답
(1) HNO_3 / 비중 1.49 이상
(2) $HClO_4$ / 해당 없음
(3) H_2O_2 / 농도 36wt% 이상

16 ⭐빈출

아염소산나트륨 100kg, 질산칼륨 900kg, 과산화칼륨 200kg을 같은 장소에 저장하려 할 때 각 위험물의 지정수량 배수의 총합을 구하시오.

(1) 계산과정
(2) 답

- 아염소산나트륨, 질산칼륨, 과산화칼륨은 모두 제1류 위험물로 지정수량은 다음과 같다.

위험물	지정수량(kg)
아염소산나트륨	50
질산칼륨	300
과산화칼륨	50

- 지정수량의 배수 $= \dfrac{\text{저장량}}{\text{지정수량}}$

- 지정수량 배수의 총합 $= \dfrac{100}{50} + \dfrac{900}{300} + \dfrac{200}{50} = 9$배

정답 (1) [해설참조] (2) 9배

17 ⭐빈출

다음 물질이 물과 반응하여 발생하는 가연성 기체의 화학식을 쓰시오. (단, 없으면 "없음"이라 쓰시오.)

(1) 트라이에틸알루미늄
(2) 과산화칼슘
(3) 메틸리튬

---

(1) 트라이메틸알루미늄과 물의 반응식
  - $(C_2H_5)_3Al + 3H_2O \rightarrow Al(OH)_3 + 3C_2H_6$
  - 트라이에틸알루미늄은 물과 반응하여 수산화알루미늄과 에탄을 발생한다.
(2) 과산화칼슘과 물의 반응식
  - $2CaO_2 + 2H_2O \rightarrow 2Ca(OH)_2 + O_2$
  - 과산화칼슘은 물과 반응하여 수산화칼슘과 산소를 발생한다(산소는 조연성 기체이다).
(3) 메틸리튬과 물의 반응식
  - $CH_3Li + H_2O \rightarrow LiOH + CH_4$
  - 메틸리튬은 물과 반응하여 수산화리튬과 메탄을 발생한다.

정답 (1) C_6H_6 (2) 없음 (3) CH_4

18

다음 위험물을 보고 물음에 알맞은 답을 쓰시오.

> 수소화칼륨, 리튬, 인화알루미늄, 탄화리튬, 탄화알루미늄

(1) 물과 반응 시 메탄을 생성하는 물질을 쓰시오.
(2) (1)의 물질이 물과 반응하는 반응식을 쓰시오.

- 수소화칼륨과 물의 반응식: $KH + H_2O \rightarrow KOH + H_2$
  수소화칼륨은 물과 반응하여 수산화칼륨과 수소를 발생한다.
- 리튬과 물의 반응식: $2Li + 2H_2O \rightarrow 2LiOH + H_2$
  리튬은 물과 반응하여 수산화리튬과 수소를 발생한다.
- 인화알루미늄과 물의 반응식: $AlP + 3H_2O \rightarrow Al(OH)_3 + PH_3$
  인화알루미늄은 물과 반응하여 수산화알루미늄과 포스핀을 발생한다.
- 탄화리튬과 물의 반응식: $Li_2C_2 + 2H_2O \rightarrow 2LiOH + C_2H_2$
  탄화리튬은 물과 반응하여 수산화리튬과 아세틸렌을 발생한다.
- 탄화알루미늄과 물의 반응식: $Al_4C_3 + 12H_2O \rightarrow 4Al(OH)_3 + 3CH_4$
  탄화알루미늄은 물과 반응하여 수산화알루미늄과 메탄을 발생한다.

정답 (1) 탄화알루미늄
(2) $Al_4C_3 + 12H_2O \rightarrow 4Al(OH)_3 + 3CH_4$

19

제4류 위험물로서 분자량이 약 58이고, 일광에 의해 분해되어 과산화물을 생성하며, 피부 접촉 시 탈지작용이 일어나는 물질에 대하여 다음 각 물음에 답하시오.

(1) 위 물질의 화학식을 쓰시오.
(2) 위 물질의 지정수량을 쓰시오.

아세톤(CH_3COCH_3) - 제4류 위험물

품명	제1석유류(수용성)
지정수량	400L
분자량	$12 + (1 \times 3) + 12 + 16 + 12 + (1 \times 3) = 58$ (C원자량: 12, H 원자량: 1, O 원자량: 16)
용도	• 산업용 용제: 페인트, 래커, 접착제, 코팅제 등을 제조하는 데 사용되는 용제로서, 다른 화학 물질을 빠르게 용해하는 능력이 뛰어남 • 제약 및 화장품 산업: 약품의 추출 및 정제 과정, 화장품 제품(네일 폴리쉬 리무버 등)의 성분으로 사용됨

정답 (1) CH_3COCH_3 (2) 400L

20

다음 각 위험물을 탱크에 저장하려고 할 때 저장 용적을 구하시오.

(1) 염소산칼륨
(2) 톨루엔
(3) 트라이에틸알루미늄

> **위험물의 운반에 관한 기준(위험물안전관리법 시행규칙 별표 19)**
> (1) 염소산칼륨($KClO_3$): 상온에서 고체인 제1류 위험물(산화성 고체)이므로, 고체위험물은 운반용기 내용적의 95% 이하의 수납율로 수납해야 한다.
> (2) 톨루엔($C_6H_5CH_3$): 상온에서 액체인 제4류 위험물(인화성 액체)이므로, 액체위험물은 운반용기 내용적의 98% 이하의 수납율로 수납하되, 55도의 온도에서 누설되지 아니하도록 충분한 공간용적을 유지하도록 해야 한다.
> (3) 트라이에틸알루미늄[$(C_2H_5)_3Al$]: 알킬알루미늄류에 해당하는 제3류 위험물(자연발화성 물질)로서, 알킬알루미늄등은 운반용기 내용적의 90% 이하의 수납율로 수납하되, 50도의 온도에서 5% 이상의 공간용적을 유지하도록 해야 한다.

정답 (1) 95% 이하 (2) 98% 이하 (3) 90% 이하

CHAPTER 02
2025 제2회 실기[필답형] 기출복원문제

01

[보기]의 위험물을 보고 다음 물음에 답하시오.

――――――――――――[보기]――――――――――――
과염소산나트륨, 과염소산칼륨
―――――――――――――――――――――――――――

(1) 각 물질의 지정수량을 쓰시오.
(2) 각 물질이 산소와 반응하는지 여부를 쓰시오.
(3) 각 물질이 물과 반응하는지 여부를 쓰시오.

(1) 과염소산나트륨과 과염소산칼륨은 제1류 위험물인 산화성 고체로 지정수량은 50kg이다.
(2) 두 물질은 모두 산소공급원으로 사용되고 산소와 반응하지 않는다.
(3) 두 물질 모두 물에 녹으나 화학반응은 하지 않는다.

정답 (1) 과염소산나트륨: 50kg, 과염소산칼륨: 50kg
(2) 과염소산나트륨: 반응하지 않음, 과염소산칼륨: 반응하지 않음
(3) 과염소산나트륨: 반응하지 않음, 과염소산칼륨: 반응하지 않음

02

다음 위험물의 화학식을 쓰시오.

(1) 아이오딘산칼륨
(2) 아염소산나트륨
(3) 다이크로뮴산암모늄
(4) 과망가니즈산칼륨
(5) 삼산화크로뮴

제1류 위험물 종류

품명	분자식
아이오딘산칼륨	KIO_3
아염소산나트륨	$NaClO_2$
다이크로뮴산암모늄	$(NH_4)_2Cr_2O_7$
과망가니즈산칼륨	$KMnO_4$
삼산화크로뮴	CrO_3

정답 (1) KIO_3 (2) $NaClO_2$ (3) $(NH_4)_2Cr_2O_7$ (4) $KMnO_4$ (5) CrO_3

03

햇빛에 의해 4mol의 질산이 완전분해하여 산소 1mol이 발생하였다. 다음 물음에 답하시오.

(1) 화학반응식
(2) 발생하는 유독성 기체의 명칭

> 질산의 분해반응식
> - $4HNO_3 \rightarrow 2H_2O + 4NO_2 + O_2$
> - 질산은 완전분해하여 물, 이산화질소, 산소를 생성하고 이때 이산화질소는 유독성 기체이다.

정답 (1) $4HNO_3 \rightarrow 2H_2O + 4NO_2 + O_2$ (2) 이산화질소

04

피크린산 중 질소는 몇 중량퍼센트인지 구하시오.

- 피크린산(트라이나이트로페놀)의 분자식: $C_6H_2(NO_2)_3OH$
- 각 원소의 원자량과 개수

원소	원자량	개수
C(탄소)	12	6개
H(수소)	1	3개
N(질소)	14	3개
O(산소)	16	7개

- 피크린산(트라이나이트로페놀)의 분자량: $(12 \times 6) + (1 \times 3) + (14 \times 3) + (16 \times 7) = 229$
- 질소의 질량분율은 다음과 같이 구한다.
  질소 질량: $14 \times 3 = 42$
  질소 중량%: $\frac{42}{229} \times 100 = 18.34wt\%$

정답 18.34wt%

05

[보기]의 물질을 보고 다음 물음에 답하시오.

―――――――――――[보기]―――――――――――
물, 에탄올, 등유, 산소

(1) 보기의 물질 중 칼륨과 반응하는 것을 모두 고르시오.
(2) (1)의 물질이 칼륨과 반응하는 반응식을 쓰시오.

- 칼륨과 물의 반응식: $2K + 2H_2O \rightarrow 2KOH + H_2$
  칼륨은 물과 반응하여 수산화칼륨과 수소를 발생한다.
- 칼륨과 에탄올의 반응식: $2K + 2C_2H_5OH \rightarrow 2C_2H_5OK + H_2$
  칼륨은 에탄올과 반응하여 칼륨에톡사이드와 수소를 발생한다.
- 칼륨과 산소의 반응식: $4K + O_2 \rightarrow 2K_2O$
  칼륨은 산소와 반응하여 산화칼륨을 발생한다.
- 칼륨은 석유류(휘발유, 등유 등)에 넣어 보관한다.

정답 (1) 물, 에탄올, 산소
(2) 물: $2K + 2H_2O \rightarrow 2KOH + H_2$
에탄올: $2K + 2C_2H_5OH \rightarrow 2C_2H_5OK + H_2$
산소: $4K + O_2 \rightarrow 2K_2O$

06

다음 표의 위험물에 대하여 빈칸을 채우시오.

물질명	시성식	품명
에탄올	(①)	(②)
에틸렌글리콜	(③)	(④)
글리세린	(⑤)	(⑥)

물질명	시성식	품명
에탄올	C_2H_5OH	알코올류
에틸렌글리콜	$C_2H_4(OH)_2$	제3석유류
글리세린	$C_3H_5(OH)_3$	제3석유류

정답 ① C_2H_5OH ② 알코올류 ③ $C_2H_4(OH)_2$ ④ 제3석유류 ⑤ $C_3H_5(OH)_3$ ⑥ 제3석유류

07

[보기]의 위험물을 보고 다음 물음에 답하시오.

---[보기]---
$CH_3COC_2H_5$, C_6H_5Cl, $C_6H_5NH_2$

(1) [보기] 각 위험물의 명칭을 쓰시오.
(2) [보기]의 위험물 중 제1석유류인 것을 쓰시오.

위험물	분자식	품명
메틸에틸케톤	$CH_3COC_2H_5$	제1석유류
클로로벤젠	C_6H_5Cl	제2석유류
아닐린	$C_6H_5NH_2$	제3석유류

정답
(1) $CH_3COC_2H_5$: 메틸에틸케톤
C_6H_5Cl: 클로로벤젠
$C_6H_5NH_2$: 아닐린
(2) $CH_3COC_2H_5$(메틸에틸케톤)

08

황린에 대한 설명으로 알맞은 것을 다음에서 모두 골라 번호를 쓰시오. (단, 해당하는 것이 없으면 '해당 없음'이라 쓰시오.)

① 무색의 분말가루이다.
② pH3인 물에 보관한다.
③ 지정수량이 10kg이다.
④ 연소반응 시 황화인이 된다.
⑤ 증기는 공기보다 무겁고 맹독성이다.

황린(P_4)의 특징
- 담황색 또는 백색의 고체이다.
- pH9인 물속에 보관한다.
- 지정수량은 20kg이다.
- 황린과 산소의 반응식: $P_4 + 5O_2 \rightarrow 2P_2O_5$
  황린은 산소와 반응하여 오산화인을 발생한다.
- 증기는 공기보다 무겁고 맹독성이다.

정답 ⑤

09 ★빈출

트라이나이트로톨루엔에 대하여 다음 물음에 답하시오.

(1) 용해성
  - 물
  - 벤젠
(2) 지정수량
(3) TNT를 제조할 경우 필요한 원료 2가지

> 트라이나이트로톨루엔(TNT) - 제5류 위험물
> - 트라이나이트로톨루엔은 물에 잘 녹지 않지만, 유기 용매인 벤젠에는 용해된다.
> - 트라이나이트로톨루엔은 제5류 위험물 중 나이트로화합물로 지정수량은 10kg이다.
> - 톨루엔을 진한 질산과 진한 황산으로 나이트로화시키면 탈수되어 트라이나이트로톨루엔(TNT)이 생성된다.

정답 (1) 물: 용해성 없음 / 벤젠: 용해성 있음
(2) 10kg
(3) 톨루엔, 진한 질산

10 ★빈출

탄산수소나트륨에 대하여 다음 물음에 답하시오.

(1) 1차 분해반응식을 쓰시오.
(2) 표준상태에서 이산화탄소 200m³가 발생하였다면 탄산수소나트륨은 몇 kg가 분해한 것인지 구하시오.

> (1) 1차 분해반응식
>   - $2NaHCO_3 \rightarrow Na_2CO_3 + H_2O + CO_2$
>   - 탄산수소나트륨은 열분해하여 탄산나트륨, 물, 이산화탄소를 생성한다.
> (2) 분해한 탄산수소나트륨의 양(kg)
>   - 표준상태에서 1mol의 기체는 22.4L(= 0.0224m³)이므로 200m³의 이산화탄소의 몰수는 다음과 같다.
>   (표준상태: 0℃, 1기압에서 1mol의 부피 22.4L)
>
>   몰수 = $\dfrac{부피}{1몰(mol)의\ 부피}$ = $\dfrac{200m^3}{0.0224m^3/mol}$ = 8,928.57mol
>   - (1)의 반응식에서 1mol의 이산화탄소가 생성될 때 2mol의 탄산수소나트륨이 분해되는 것을 알 수 있다. 따라서 탄산수소나트륨의 몰수는 다음과 같다.
>   탄산수소나트륨의 몰수 = 2 × 8,928.57mol = 17,857.14mol
>   - 탄산수소나트륨의 분자량은 23 + 1 + 12 + (16 × 3) = 84g/mol이다.
>   (C 원자량: 12, H 원자량: 1, O 원자량: 16, Na 원자량: 23)
>   - 따라서 탄산수소나트륨의 질량은 다음과 같다.
>   17,857.14mol × 84g/mol = 1,500,000g = 1,500kgf

정답 (1) $2NaHCO_3 \rightarrow Na_2CO_3 + H_2O + CO_2$ (2) 1,500kg

11

다음 옥외탱크저장소의 밸브 없는 통기관의 설치기준을 보고 괄호 안에 알맞은 답을 쓰시오.

- 지름은 (①)mm 이상일 것
- 끝부분은 수평면보다 (②)도 이상 구부려 빗물 등의 침투를 막는 구조로 할 것
- 인화점이 38℃ 미만인 위험물만을 저장 또는 취급하는 탱크에 설치하는 통기관에는 화염방지장치를 설치하고, 그 외의 탱크에 설치하는 통기관에는 (③)메쉬(mesh) 이상의 구리망 또는 동등 이상의 성능을 가진 인화방지장치를 설치할 것. 다만, 인화점이 (④)℃ 이상인 위험물만을 해당 위험물의 인화점 미만의 온도로 저장 또는 취급하는 탱크에 설치하는 통기관에는 인화방지장치를 설치하지 않을 수 있다.
- 가연성의 증기를 회수하기 위한 밸브를 통기관에 설치하는 경우에 있어서는 당해 통기관의 밸브는 저장탱크에 위험물을 주입하는 경우를 제외하고는 항상 개방되어 있는 구조로 하는 한편, 폐쇄하였을 경우에 있어서는 (⑤)kPa 이하의 압력에서 개방되는 구조로 할 것. 이 경우 개방된 부분의 유효단면적은 777.15mm² 이상이어야 한다.

옥외탱크저장소의 밸브없는 통기관 설치기준(위험물안전관리법 시행규칙 별표 6)

- 지름은 30mm 이상일 것
- 끝부분은 수평면보다 45도 이상 구부려 빗물 등의 침투를 막는 구조로 할 것
- 인화점이 38℃ 미만인 위험물만을 저장 또는 취급하는 탱크에 설치하는 통기관에는 화염방지장치를 설치하고, 그 외의 탱크에 설치하는 통기관에는 40메쉬(mesh) 이상의 구리망 또는 동등 이상의 성능을 가진 인화방지장치를 설치할 것. 다만, 인화점이 70℃ 이상인 위험물만을 해당 위험물의 인화점 미만의 온도로 저장 또는 취급하는 탱크에 설치하는 통기관에는 인화방지장치를 설치하지 않을 수 있다.
- 가연성의 증기를 회수하기 위한 밸브를 통기관에 설치하는 경우에 있어서는 당해 통기관의 밸브는 저장탱크에 위험물을 주입하는 경우를 제외하고는 항상 개방되어 있는 구조로 하는 한편, 폐쇄하였을 경우에 있어서는 10kPa 이하의 압력에서 개방되는 구조로 할 것. 이 경우 개방된 부분의 유효단면적은 777.15mm² 이상이어야 한다.

정답 ① 30 ② 45 ③ 40 ④ 70 ⑤ 10

12

위험물제조소에 환기설비를 설치할 때 다음 질문에 답하시오.

(1) 위험물제조소에 설치하는 환기설비의 배기방식을 쓰시오.
(2) 급기구의 면적이 300cm²일 때 바닥면적을 쓰시오.

제조소의 환기설비 설치기준(위험물안전관리법 시행규칙 별표 4)
(1) 환기는 자연배기방식으로 할 것
(2) 급기구는 당해 급기구가 설치된 실의 바닥면적 150m²마다 1개 이상으로 하되, 급기구의 크기는 800cm² 이상으로 할 것. 다만 바닥면적이 150m² 미만인 경우에는 다음의 크기로 하여야 한다.

바닥면적	급기구의 면적
60m² 미만	150cm² 이상
60m² 이상 90m² 미만	300cm² 이상
90m² 이상 120m² 미만	450cm² 이상
120m² 이상 150m² 미만	600cm² 이상

정답 (1) 자연배기방식 (2) 60m² 이상 90m² 미만

13 빈출

다음 위험물은 모두 제4류 위험물이다. 각 물질의 연소반응식을 쓰시오.

(1) 톨루엔
(2) 벤젠
(3) 이황화탄소

(1) 톨루엔의 연소반응식
- $C_6H_5CH_3 + 9O_2 \rightarrow 7CO_2 + 4H_2O$
- 톨루엔은 연소하여 이산화탄소와 물을 생성한다.
(2) 벤젠의 연소반응식
- $2C_6H_6 + 15O_2 \rightarrow 12CO_2 + 6H_2O$
- 벤젠은 연소하여 이산화탄소와 물을 생성한다.
(3) 이황화탄소의 연소반응식
- $CS_2 + 3O_2 \rightarrow CO_2 + 2SO_2$
- 이황화탄소는 연소하여 이산화탄소와 이산화황을 생성한다.

정답
(1) $C_6H_5CH_3 + 9O_2 \rightarrow 7CO_2 + 4H_2O$
(2) $2C_6H_6 + 15O_2 \rightarrow 12CO_2 + 6H_2O$
(3) $CS_2 + 3O_2 \rightarrow CO_2 + 2SO_2$

14 ⭐빈출

다음 물질의 운반용기 외부에 표시해야 하는 주의사항을 모두 쓰시오.

(1) 제1류 위험물 중 알칼리금속 과산화물
(2) 제2류 위험물 중 철분
(3) 제3류 위험물 중 금수성 물질
(4) 제4류 위험물
(5) 제6류 위험물

위험물별 유별 운반용기 외부 주의사항(위험물안전관리법 시행규칙 별표 4, 별표 19)

유별	종류	운반용기 외부 주의사항	게시판
제1류	알칼리금속의 과산화물	가연물접촉주의, 화기·충격주의, 물기엄금	물기엄금
	그 외	가연물접촉주의, 화기·충격주의	-
제2류	철분, 금속분, 마그네슘	화기주의, 물기엄금	화기주의
	인화성 고체	화기엄금	화기엄금
	그 외	화기주의	화기주의
제3류	자연발화성 물질	화기엄금, 공기접촉엄금	화기엄금
	금수성 물질	물기엄금	물기엄금
제4류	-	화기엄금	화기엄금
제5류	-	화기엄금, 충격주의	화기엄금
제6류	-	가연물접촉주의	-

정답 (1) 가연물접촉주의, 화기·충격주의, 물기엄금 (2) 화기주의, 물기엄금 (3) 물기엄금 (4) 화기엄금 (5) 가연물접촉주의

15

다음은 제4류 위험물 중 특수인화물의 정의이다. 괄호 안에 알맞은 말을 쓰시오.

"특수인화물"이라 함은 (①), 다이에틸에터 그 밖에 1기압에서 (②)이 섭씨 100도 이하인 것 또는 인화점이 섭씨 영하 (③)도 이하이고 비점이 섭씨 (④)도 이하인 것을 말한다.

특수인화물의 정의(위험물안전관리법령 시행령 별표 1)
특수인화물이라 함은 이황화탄소, 다이에틸에터 그 밖에 1기압에서 발화점이 섭씨 100도 이하인 것 또는 인화점이 섭씨 영하 20도 이하이고 비점이 섭씨 40도 이하인 것을 말한다.

정답 ① 이황화탄소 ② 발화점 ③ 20 ④ 40

16

[보기]의 위험물을 보고 착화온도가 낮은 것부터 순서대로 쓰시오.

―――――――――――[보기]―――――――――――
삼황화인, 적린, 마그네슘

물질명	착화온도(℃)
삼황화인	100
적린	260
마그네슘	650

정답 삼황화인, 적린, 마그네슘

17

[보기]에서 위험등급 I 등급에 해당하는 위험물을 모두 고르시오.

―――――――――――[보기]―――――――――――
이황화탄소, 다이에틸에터, 아세톤, 아세트알데하이드, 휘발유, 글리세린, 피리딘

제4류 위험물 중 위험등급 I 등급인 물질은 특수인화물이다.

위험물	위험등급
이황화탄소(CS_2)	I
다이에틸에터($C_2H_5OC_2H_5$)	I
아세톤(CH_3COCH_3)	II
아세트알데하이드(CH_3CHO)	I
휘발유	II
글리세린($C_3H_5(OH)_3$)	III
피리딘(C_5H_5N)	II

정답 이황화탄소, 다이에틸에터, 아세트알데하이드

18

제4류 위험물을 저장하는 옥내저장소의 연면적이 450m²이고 외벽은 내화구조가 아닐 경우, 이 옥내저장소에 대한 소화설비의 소요단위는 얼마인지 구하시오.

소화설비 설치기준(위험물안전관리법 시행규칙 별표17)

• 소요단위(연면적)

구분	외벽 내화구조	외벽 비내화구조
위험물제조소 취급소	100m²	50m²
위험물저장소	150m²	75m²

• 저장소 외벽이 비내화구조일 때 1소요단위는 75m²이므로 연면적 450m²의 소요단위는 다음과 같다.

$\dfrac{450}{75}$ = 6소요단위

정답 6소요단위

19

나이트로벤젠에 대하여 다음 물음에 알맞은 답을 쓰시오.

(1) 지정수량
(2) 품명
(3) 화학식

등급	품명	지정수량(L)	위험물	분자식
III	제3석유류 (비수용성)	2,000	나이트로벤젠	$C_6H_5NO_2$

정답 (1) 2,000L (2) 제3석유류 (3) $C_6H_5NO_2$

20

다음 제2류 위험물 표를 보고 빈칸에 알맞은 말을 쓰시오.

등급	품명	지정수량(kg)	위험물	분자식
II	황화인	100	(①)	P₄S₃
II	황화인	100	오황화인	P₂S₅
II	황화인	100	칠황화인	P₄S₇
II	적린	100	(②)	P
II	황	100	황	S
(③)	금속분	(④)	알루미늄분	Al
(③)	금속분	(④)	아연분	Zn
(③)	금속분	(④)	안티몬	Sb
(③)	철분	(④)	철분	Fe
(③)	마그네슘	(④)	마그네슘	Mg
(③)	인화성 고체	(⑤)	고형알코올	-

정답 ① 삼황화인 ② 적린 ③ III ④ 500 ⑤ 1,000

2025 제1회 실기[필답형] 기출복원문제

01 ★빈출

위험물안전관리법령상 위험물 운반용기 외부에 표시해야 하는 주의사항을 쓰시오. (단, 해당하지 않으면 "없음"이라 쓰시오.)

(1) 금속분
(2) 인화성 고체
(3) 적린

위험물 유별 주의사항 및 게시판(위험물안전관리법 시행규칙 별표 4, 별표 19)

유별	종류	운반용기 외부 주의사항	게시판
제1류	알칼리금속의 과산화물	가연물접촉주의, 화기·충격주의, 물기엄금	물기엄금
	그 외	가연물접촉주의, 화기·충격주의	-
제2류	철분, 금속분, 마그네슘	화기주의, 물기엄금	화기주의
	인화성 고체	화기엄금	화기엄금
	그 외	화기주의	화기주의
제3류	자연발화성 물질	화기엄금, 공기접촉엄금	화기엄금
	금수성 물질	물기엄금	물기엄금
제4류	-	화기엄금	화기엄금
제5류	-	화기엄금, 충격주의	화기엄금
제6류	-	가연물접촉주의	-

정답 (1) 화기주의, 물기엄금 (2) 화기엄금 (3) 화기주의

02 빈출

다음 물질의 연소반응식을 쓰시오.

(1) 아세트알데하이드
(2) 메틸에틸케톤
(3) 이황화탄소

(1) 아세트알데하이드의 연소반응식
- $2CH_3CHO + 5O_2 \rightarrow 4CO_2 + 4H_2O$
- 아세트알데하이드는 연소하여 이산화탄소와 물을 생성한다.
(2) 메틸에틸케톤의 연소반응식
- $2CH_3COC_2H_5 + 11O_2 \rightarrow 8CO_2 + 8H_2O$
- 메틸에틸케톤은 연소하여 이산화탄소와 물을 발생한다.
(3) 이황화탄소의 연소반응식
- $CS_2 + 3O_2 \rightarrow CO_2 + 2SO_2$
- 이황화탄소는 연소하여 이산화탄소와 이산화황을 발생한다.

정답
(1) $2CH_3CHO + 5O_2 \rightarrow 4CO_2 + 4H_2O$
(2) $2CH_3COC_2H_5 + 11O_2 \rightarrow 8CO_2 + 8H_2O$
(3) $CS_2 + 3O_2 \rightarrow CO_2 + 2SO_2$

03 빈출

지정수량 10배 이상의 위험물을 운반하고자 할 때 제6류 위험물과 혼재할 수 없는 위험물은 제 몇 류 위험물인지 모두 적으시오.

유별을 달리하는 위험물 혼재기준(지정수량 1/10배 초과)(위험물안전관리법 시행규칙 별표 19)			
1	6		혼재 가능
2	5	4	혼재 가능
3	4		혼재 가능

정답 제2류 위험물, 제3류 위험물, 제4류 위험물, 제5류 위험물

04 ★빈출

다음 괄호 안에 알맞은 말을 쓰시오.

> 지하저장탱크의 압력탱크 외의 탱크는 (①)kPa의 압력, 압력탱크는 최대사용압력의 (②)배 압력으로 각각 (③)분간 수압시험을 실시한다. 이 경우 수압시험은 기밀시험과 (④)을 동시에 실시하는 방법으로 대신할 수 있다.

지하탱크저장소의 기준(위험물안전관리법 시행규칙 별표 8)
지하저장탱크는 용량에 따라 기준에 적합하게 강철판 또는 동등 이상의 성능이 있는 금속재질로 완전용입용접 또는 양면겹침이음용접으로 틈이 없도록 만드는 동시에, 압력탱크(최대상용압력이 46.7kPa 이상인 탱크를 말한다) 외의 탱크에 있어서는 70kPa의 압력으로, 압력탱크에 있어서는 최대상용압력의 1.5배의 압력으로 각각 10분간 수압시험을 실시하여 새거나 변형되지 아니하여야 한다. 이 경우 수압시험은 소방청장이 정하여 고시하는 기밀시험과 비파괴시험을 동시에 실시하는 방법으로 대신할 수 있다.

정답 ① 70 ② 1.5 ③ 10 ④ 비파괴시험

05 ★빈출

물과 반응하여 아세틸렌가스를 발생시키며 고온으로 가열하면 질소와 반응하여 칼슘시안아미드(석회질소)를 발생하는 물질의 명칭, 화학식, 지정수량을 쓰시오.

(1) 명칭
(2) 화학식
(3) 지정수량

- 탄화칼슘과 물의 반응식: $CaC_2 + 2H_2O \rightarrow Ca(OH)_2 + C_2H_2$
  탄화칼슘은 물과 반응하여 수산화칼슘과 아세틸렌을 생성한다.
- 탄화칼슘과 질소의 반응식: $CaC_2 + N_2 \rightarrow CaCN_2 + C$
  탄화칼슘은 질소와 반응하여 석회질소와 탄소를 생성한다.
- 탄화칼슘은 제3류 위험물 중 칼슘, 알루미늄의 탄화물로 지정수량 300kg이다.

정답 (1) 탄화칼슘 (2) CaC_2 (3) 300kg

06

메탄올에 대해 아래 물음에 알맞은 답을 적으시오.

(1) 시성식
(2) 최종산화물 명칭
(3) 아이오딘포름 반응 여부

> (1) 메탄올은 제4류 위험물 중 알코올류이고 분자식은 CH_3OH이다.
> (2) 메탄올의 산화과정은 $CH_3OH \xrightarrow[-H_2]{산화} H-CHO \xrightarrow[+O]{산화} H-COOH$
>   메탄올이 산화되어 포름알데하이드가 되고 최종산화하면 포름산이 된다.
> (3) 아이오딘포름 반응(Iodoform reaction)은 $CH_3-C(OH)$ 또는 CH_3-CO- 구조를 가진 물질만이 양성 반응을 보인다. 메탄올(CH_3OH)은 CH_3-OH 구조이므로 아이오딘포름 반응을 하지 않는다.

정답 (1) CH_3OH (2) 포름산 (3) 반응하지 않는다.

07

다음 위험물에서 산의 세기가 작은 것부터 큰 순서대로 번호를 쓰시오.

| ① $HClO$ | ② $HClO_2$ | ③ $HClO_3$ | ④ $HClO_4$ |

> 산의 세기는 해당 산의 분자의 산소 원자 수와 관련이 있다. 일반적으로 같은 계열의 산에서 산소 원자가 많을수록 산의 세기가 더 강해진다.

정답 ① < ② < ③ < ④

08 ✈빈출

탄산가스 1kg을 표준상태에서 소화기로 방출할 경우 차지하는 체적은 몇 L인지 구하시오.

(1) 계산과정
(2) 답

이상기체 방정식을 이용하여 탄산가스의 부피를 구하기 위해 $PV = \dfrac{wRT}{M}$의 식을 사용한다.

$V = \dfrac{wRT}{MP} = \dfrac{1,000g \times 0.082 \times 273K}{44g/mol \times 1} = 508.77L$

- P: 압력(1atm)
- w: 질량(g) → 1,000g
- V: 부피(L)
- M: 분자량(g/mol) → CO_2의 분자량 = 12 + (16 × 2) = 44g/mol (C 원자량: 12, O 원자량: 16)
- n: 몰수(mol)
- R: 기체상수(0.082L · atm/mol · K)
- T: 절대온도(K, 절대온도로 변환하기 위해 273을 더한다) → 0 + 273 = 273K
- 표준상태: 0℃, 1기압에서 1mol의 부피 22.4L

정답 (1) [해설참조] (2) 508.77L

09

아래 위험물을 보고 물과 반응하는 것을 모두 골라 적으시오. (단, 해당하는 물질이 없으면 "없음"이라 쓰시오.)

① 마그네슘 ② 벤젠 ③ 과산화수소 ④ 과망가니즈산칼륨

위험물	물과 반응	해설
마그네슘	반응 함	마그네슘은 물과 반응하여 수소를 생성하며 폭발한다.
벤젠	반응 안 함	극성인 물과 반응하지 않으며, 물에 거의 녹지 않는다.
과산화수소	반응 안 함	과산화수소는 자체적으로 분해되며, 물과의 반응보다는 촉매나 열에 의해 분해된다.
과망가니즈산칼륨	반응 안 함	물에 용해되지만 물과 직접 반응하지는 않는다.

정답 ①

10 ⭐빈출

온도가 30℃이고, 기압이 800mmHg인 옥외저장소에 저장되어 있는 이황화탄소 100kg이 완전연소할 때 발생되는 이산화황의 체적(m^3)을 구하시오.

- 이황화탄소의 완전연소반응식: $CS_2 + 3O_2 \rightarrow CO_2 + 2SO_2$
  이황화탄소는 완전연소하여 이산화탄소와 이산화황을 생성한다.
- 이상기체방정식으로 이산화황의 부피를 구하기 위해 $PV = \dfrac{wRT}{M}$의 식을 사용한다.
- 위의 반응식에서 이황화탄소와 이산화황은 1 : 2의 비율로 반응하므로 다음과 같은 식이 된다.

$$V = \frac{wRT}{PM} = \frac{100kg \times 0.082 \times 303K}{1.0526 \times 76kg/mol} \times \frac{2}{1} = 62.12m^3$$

- P: 압력(1atm = 760mmHg) → 800mmHg × $\dfrac{1atm}{760mmHg}$ = 1.0526atm
- w: 질량 → 100kg
- M: 분자량 → 이황화탄소(CS_2)의 분자량 = 12 + (32 × 2) = 76kg/kmol (C 원자량: 12, S 원자량: 32)
- R: 기체상수(0.082m^3 · atm/kmol · K)
- T: 절대온도(K, 절대온도로 변환하기 위해 273을 더한다) → 30 + 273 = 303K

정답 $62.12m^3$

11 ⭐빈출

다음 물질의 연소형태를 적으시오.

(1) 금속분
(2) 나프탈렌
(3) 석탄

고체의 연소 형태
- 표면연소: 목탄, 코크스, 숯, 금속분 등
- 분해연소: 목재, 종이, 플라스틱, 섬유, 석탄 등
- 자기연소: 제5류 위험물 중 고체
- 증발연소: 파라핀(양초), 황, 나프탈렌 등

정답 (1) 표면연소 (2) 증발연소 (3) 분해연소

12 ★빈출

피크린산 1몰이 분해될 때 발생하는 열량은 229kcal이다. 이때, 피크린산 1kg이 완전히 분해될 경우 발생하는 열량은 몇 kcal인가?

> - 피크린산의 분자식이 $C_6H_2(NO_2)_3OH$ 이므로 분자량은 $(12 \times 6) + (1 \times 2) + \{(14 + 32) \times 3\} + 16 + 1 = 229$ g/mol이다.
>   (C 원자량: 12, H 원자량: 1, N 원자량: 14, O 원자량: 16)
> - 피크린산 1kg의 몰수는 $\dfrac{1{,}000g}{229g/mol} = 4.367$ mol이다.
> - 총 열량을 계산하면 $4.367 \text{mol} \times 229 \text{kcal/mol} = $ 약 1,000kcal이다.

정답 1,000kcal

13 ★빈출

다음 위험물과 물의 반응식을 쓰시오.

(1) 탄화칼슘
(2) 탄화알루미늄

> (1) 탄화칼슘과 물의 반응식
>   - $CaC_2 + 2H_2O \rightarrow Ca(OH)_2 + C_2H_2$
>   - 탄화칼슘은 물과 반응하여 수산화칼슘과 아세틸렌을 생성한다.
> (2) 탄화알루미늄과 물의 반응식
>   - $Al_4C_3 + 12H_2O \rightarrow 4Al(OH)_3 + 3CH_4$
>   - 탄화알루미늄은 물과 반응하여 수산화알루미늄과 메탄을 생성한다.

정답 (1) $CaC_2 + 2H_2O \rightarrow Ca(OH)_2 + C_2H_2$
(2) $Al_4C_3 + 12H_2O \rightarrow 4Al(OH)_3 + 3CH_4$

14

다음 위험물의 지정수량을 쓰시오.

(1) $C_2H_5OC_2H_5$

(2) $(CH_3)_2CHNH_2$

(3) $C_6H_5CH_3$

(1) 다이에틸에터($C_2H_5OC_2H_5$)의 지정수량: 50L
(2) 이소프로필아민($(CH_3)_2CHNH_2$)의 지정수량: 50L
(3) 톨루엔($C_6H_5CH_3$)의 지정수량: 200L

정답 (1) 50L (2) 50L (3) 200L

15

제2류 위험물 중 황에 대하여 다음 물음에 답하시오.

(1) 완전연소반응식
(2) 위험물의 기준
(3) 불순물이 되는 물질(한 가지)

(1) 황(S)의 완전연소반응식
  • $S + O_2 \rightarrow SO_2$
  • 황은 연소하여 이산화황을 생성한다.
(2) 황은 순도가 60wt% 이상인 것을 위험물로 간주한다.
(3) 활석 등 불연성 물질과 수분은 황의 연소를 방해하고 발화 위험을 높이는 불순물로 작용한다. 이들은 황의 순도를 낮추고 자연발화 가능성을 증가시키므로, 보관 시 제거하는 것이 중요하다.

정답 (1) $S + O_2 \rightarrow SO_2$
(2) 순도 60wt% 이상
(3) 활석 등 불연성 물질, 수분 중 한 가지

16

아래 물질을 보고 다음 물질은 상온에서 고체, 액체, 기체 중 어떤 상태로 존재하는지 적으시오.

(1) 나이트로글리세린
(2) 트라이나이트로페놀

제5류 위험물 중 상온에서 액체 또는 고체인 위험물 품명

품명	위험물	상태
질산에스터류	질산메틸 질산에틸 나이트로글리콜 나이트로글리세린	액체
	나이트로셀룰로오스 셀룰로이드	고체
나이트로화합물	트라이나이트로톨루엔 트라이나이트로페놀 다이나이트로벤젠 테트릴	고체

정답 (1) 액체 (2) 고체

17

아세톤 20L 100개와 경유 200L 5드럼의 지정수량 배수를 구하시오.

(1) 계산과정
(2) 답

- 아세톤과 경유의 지정수량

위험물	품명	지정수량
아세톤	제1석유류(수용성)	400L
경유	제3석유류(비수용성)	1,000L

- 지정수량 배수 = $\dfrac{저장량}{지정수량}$

- 아세톤 20L 100개와 경유 200L 5드럼의 지정수량 배수 = $\dfrac{20L \times 100}{400L} + \dfrac{200L \times 5}{1,000L} = 6$배

정답 (1) [해설참조] (2) 6배

18

제5류 위험물 중 트라이나이트로톨루엔에 대하여 다음 물음에 답하시오.

(1) 제조방법
(2) 구조식

트라이나이트로톨루엔 – 제5류 위험물

구분	트라이나이트로톨루엔(TNT)
품명	나이트로화합물
분자식	$C_6H_2(NO_2)_3CH_3$
구조식	(벤젠고리에 CH₃, 2,4,6-위치에 NO₂ 3개가 치환된 구조)
특징	톨루엔의 메틸 그룹(CH_3)에 세 개의 나이트로(NO_2) 그룹이 치환된 구조
제조 방법	톨루엔에 진한 질산과 진한 황산으로 나이트로화하여 제조

정답
(1) 톨루엔에 진한 질산과 진한 황산으로 나이트로화하여 제조
(2)
$$\underset{NO_2}{\underset{|}{\underset{}{}}}\text{(2,4,6-trinitrotoluene 구조식)}$$

19

위험물제조소에 다음 수량의 위험물을 저장할 때 필요한 최소 보유공지를 쓰시오.

(1) 지정수량의 1배
(2) 지정수량의 5배
(3) 지정수량의 10배
(4) 지정수량의 50배
(5) 지정수량의 200배

위험물제조소의 보유공지(위험물안전관리법 시행규칙 별표 4)

취급하는 위험물의 최대수량	공지의 너비
지정수량의 10배 이하	3m 이상
지정수량의 10배 초과	5m 이상

정답 (1) 3m (2) 3m (3) 3m (4) 5m (5) 5m

20

다음 빈칸에 알맞은 답을 쓰시오.

- 주유호스는 (①)중 이하의 하중에 의하여 깨져 분리되거나 이탈되어야 하고, 깨져 분리되거나 이탈된 부분으로부터의 위험물 누출을 방지할 수 있는 구조일 것
- 휘발유와 경유 상호간의 오인에 의한 주유를 방지할 수 있는 구조일 것
- 1회의 연속주유량 및 주유시간의 상한을 미리 설정할 수 있는 구조일 것. 이 경우 연속주유량 및 주유시간의 상한은 다음과 같다.
  - 휘발유는 (②) 이하, (③)로 할 것
  - 경유는 (④) 이하, (⑤)로 할 것

주유취급소의 위치, 구조 및 설비의 기준(위험물안전관리법 시행규칙 별표13)
- 주유호스는 200kg중 이하의 하중에 의하여 깨져 분리되거나 이탈되어야 하고, 깨져 분리되거나 이탈된 부분으로부터의 위험물 누출을 방지할 수 있는 구조일 것
- 휘발유와 경유 상호간의 오인에 의한 주유를 방지할 수 있는 구조일 것
- 1회의 연속주유량 및 주유시간의 상한을 미리 설정할 수 있는 구조일 것. 이 경우 연속주유량 및 주유시간의 상한은 다음과 같음
  - 휘발유는 100L 이하, 4분 이하로 할 것
  - 경유는 600L 이하, 12분 이하로 할 것

정답 ① 200kg ② 100L ③ 4분 이하 ④ 600L ⑤ 12분 이하

CHAPTER 04
2024 제4회 실기[필답형] 기출복원문제

01

나트륨과 물의 반응식을 쓰고 반응 시 위험한 이유를 함께 쓰시오.

(1) 물과 반응식
(2) 위험한 이유

> 나트륨과 물의 반응식
> - $2Na + 2H_2O \rightarrow 2NaOH + H_2$
> - 나트륨은 물과 반응하여 수산화나트륨과 가연성의 수소가스를 발생하며 폭발위험이 있다.

정답 (1) $2Na + 2H_2O \rightarrow 2NaOH + H_2$
(2) 가연성의 수소가스를 발생하며 폭발의 위험이 있으므로 물과 접촉 시 위험하다.

02 ★빈출

탄화칼슘 1mol과 물 2mol이 반응할 때 생성되는 기체를 쓰고, 그 기체는 표준상태를 기준으로 몇 L가 생성되는지 쓰시오.

(1) 생성 기체
(2) 생성량(L)

> (1) 생성 기체
>   - 탄화칼슘과 물의 반응식: $CaC_2 + 2H_2O \rightarrow Ca(OH)_2 + C_2H_2$
>   - 탄화칼슘은 물과 반응하여 수산화칼슘과 아세틸렌을 발생한다.
> (2) 생성량(L)
>   - (1)의 반응식을 통해 탄화칼슘 1mol과 물 2mol이 반응하여 아세틸렌 1mol이 생성됨을 확인할 수 있다.
>   - 표준상태에서 1mol의 기체는 22.4L의 부피를 차지하므로 생성되는 아세틸렌의 부피는 1mol × 22.4L/mol = 22.4L이다.
>   (표준상태: 0℃, 1기압에서 1mol의 부피 22.4L)

정답 (1) 아세틸렌 (2) 22.4L

03 ★빈출

다음 위험물의 연소반응식을 쓰시오.

(1) 삼황화인
(2) 오황화인

(1) 삼황화인의 연소반응식
- $P_4S_3 + 8O_2 \rightarrow 2P_2O_5 + 3SO_2$
- 삼황화인은 연소하여 오산화인과 이산화황을 생성한다.

(2) 오황화인의 연소반응식
- $2P_2S_5 + 15O_2 \rightarrow 2P_2O_5 + 10SO_2$
- 오황화인은 연소하여 오산화인과 이산화황을 생성한다.

정답 (1) $P_4S_3 + 8O_2 \rightarrow 2P_2O_5 + 3SO_2$
(2) $2P_2S_5 + 15O_2 \rightarrow 2P_2O_5 + 10SO_2$

04

위험물제조소의 옥외에 용량이 500L와 200L인 액체위험물(이황화탄소 제외) 취급탱크 2기가 있다. 2기의 탱크 주위에 하나의 방유제를 설치하는 경우 방유제의 용량은 얼마 이상이 되게 하여야 하는지 쓰시오. (단, 지정수량 이상을 취급하는 경우이다.)

(1) 계산과정
(2) 답

위험물제조소 옥외 위험물취급탱크의 방유제 용량
탱크 2기인 경우 = (최대 탱크용량 × 0.5) + (나머지 탱크용량 × 0.1)
= (500L × 0.5) + (200L × 0.1) = 270L

정답 (1) [해설참조] (2) 270L

05

다음은 물분무 소화설비의 설치기준이다. ( ) 안에 알맞은 수치를 쓰시오.

(1) 방호대상물의 표면적이 150m²인 경우 물분무 소화설비의 방사구역은 ( )m² 이상으로 할 것
(2) 수원의 수량은 분무헤드가 가장 많이 설치된 방사구역의 모든 분무헤드를 동시에 사용할 경우에 당해 방사구역의 표면적 1m²당 1분당 ( )L의 비율로 계산한 양으로 ( )분간 방사할 수 있는 양 이상이 되도록 설치할 것

물분무 소화설비의 설치기준(위험물안전관리법 시행규칙 별표 17)
방호대상물의 표면적이 150m²인 경우 물분무 소화설비의 방사구역은 150m² 이상으로 할 것
수원의 수량은 분무헤드가 가장 많이 설치된 방사구역의 모든 분무헤드를 동시에 사용할 경우에 당해 방사구역의 표면적 1m²당 1분당 20L의 비율로 계산한 양으로 30분간 방사할 수 있는 양 이상이 되도록 설치할 것

정답 (1) 150 (2) 20, 30

06

위험물안전관리법령상 이동저장탱크저장소의 이동저장탱크 방파판은 두께 몇 mm 이상의 강철판으로 만들어야 하는지 쓰시오.

> **이동탱크저장소의 방파판 설치기준(위험물안전관리법 시행규칙 별표 10)**
> 방파판은 두께 1.6mm 이상의 강철판 또는 이와 동등 이상의 강도·내열성 및 내식성이 있는 금속성의 것으로 할 것

정답 1.6mm 이상

07 ★빈출

다음 물질의 운반용기 외부에 표시해야 하는 주의사항을 쓰시오.

(1) 나이트로글리세린
(2) 과산화수소
(3) 아세톤
(4) 마그네슘
(5) 황린

위험물 유별 운반용기 외부 주의사항과 게시판(위험물안전관리법 시행규칙 별표 4, 별표 19)

유별	종류	운반용기 외부 주의사항	게시판
제1류	알칼리금속의 과산화물	가연물접촉주의, 화기·충격주의, 물기엄금	물기엄금
	그 외	가연물접촉주의, 화기·충격주의	-
제2류	철분, 금속분, 마그네슘	화기주의, 물기엄금	화기주의
	인화성 고체	화기엄금	화기엄금
	그 외	화기주의	화기주의
제3류	자연발화성 물질	화기엄금, 공기접촉엄금	화기엄금
	금수성 물질	물기엄금	물기엄금
제4류	-	화기엄금	화기엄금
제5류	-	화기엄금, 충격주의	화기엄금
제6류	-	가연물접촉주의	-

(1) 나이트로글리세린: 제5류 위험물로 화기엄금과 충격주의를 표시한다.
(2) 과산화수소: 제6류 위험물로 가연물접촉주의를 표시한다.
(3) 아세톤: 제4류 위험물로 화기엄금을 표시한다.
(4) 마그네슘: 제2류 위험물로 화기주의와 물기엄금을 표시한다.
(5) 황린: 제3류 위험물 중 자연발화성 물질로 화기엄금과 공기접촉엄금을 표시한다.

정답 (1) 화기엄금, 충격주의 (2) 가연물접촉주의 (3) 화기엄금 (4) 화기주의, 물기엄금 (5) 화기엄금, 공기접촉엄금

08

다음 물질에 대하여 화학식과 분자량을 쓰시오.

(1) 질산
- 화학식
- 분자량

(2) 과염소산
- 화학식
- 분자량

제6류 위험물(산화성 액체)		
구분	질산	과염소산
화학식	HNO_3	$HClO_4$
분자량	$1 + 14 + (16 \times 3) = 63g/mol$ (H 원자량: 1, N 원자량: 14, O 원자량: 16)	$1 + 35.5 + (16 \times 4) = 100.5g/mol$ (H 원자량: 1, Cl 원자량: 35.5, O 원자량: 16)
지정수량	300kg	300kg

정답 (1) HNO_3, 63g/mol (2) $HClO_4$, 100.5g/mol

09

과산화수소 170g 분해 시 생성되는 산소의 g수는 얼마인지 계산하시오.

(1) 계산과정
(2) 답

- 과산화수소 분해반응식: $2H_2O_2 \rightarrow 2H_2O + O_2$
  과산화수소는 분해되어 물과 산소를 생성한다.
- 과산화수소(H_2O_2)는 1mol당 $(2 \times 1) + (2 \times 16) = 34g/mol$이다.
  (H 원자량: 1, O 원자량: 16)
- 과산화수소 170g을 몰(mol)로 환산하면 $\frac{170g}{34g/mol} = 5mol$이 된다.
- 과산화수소 2mol당 산소 1mol이 생성되므로, 과산화수소 5mol에서 생성되는 산소의 몰수는 $\frac{5mol}{2mol} = 2.5mol$이다.
- 산소(O_2)는 1mol당 $16 \times 2 = 32g/mol$이므로, 산소 2.5mol은 $2.5mol \times 32g/mol = 80g$이다.
- 따라서 과산화수소 170g이 분해될 때 생성되는 산소의 질량은 80g이다.

정답 (1) [해설참조] (2) 80g

10

원자량이 24인 제2류 위험물에 대하여 다음 물음에 답하시오.

(1) 물질명을 쓰시오.
(2) 염산과의 반응식을 쓰시오.

> **마그네슘(Mg) - 제2류 위험물**
> - 은백색의 광택이 나는 금속으로 원자량이 24인 제2류 위험물이고, 물과 반응하면 수소를 발생시키며 폭발의 위험이 있다.
> - 마그네슘과 염산의 반응식: $Mg + 2HCl \rightarrow MgCl_2 + H_2$
>   마그네슘은 염산과 반응하여 염화마그네슘과 수소를 발생한다.

정답 (1) 마그네슘
(2) $Mg + 2HCl \rightarrow MgCl_2 + H_2$

11

메틸알코올 연소 시 생성되는 표준상태에서 공기의 부피(m^3)는 얼마인지 구하시오.

(1) 계산과정
(2) 답

> - 메틸알코올의 연소반응식: $2CH_3OH + 3O_2 \rightarrow 2CO_2 + 4H_2O$
> - 메틸알코올은 연소하여 이산화탄소와 물을 생성한다.
> - 메틸알코올 1mol이 연소할 때 필요한 산소의 부피는 1.5mol이다.
> - 따라서 메틸알코올 1mol의 연소에는 1.5mol × 22.4L = 33.6L의 산소가 필요하다.
> - 공기 중 산소는 21%이므로, 필요한 산소 33.6L는 $\frac{33.6L}{0.21}$ = 160L이고, 이를 m^3로 환산하면 $0.16m^3$이다.
>   (표준상태: 0℃, 1기압에서 1mol의 부피 22.4L)

정답 (1) [해설참조] (2) $0.16m^3$

12

다음 [보기]를 보고 아세트알데하이드의 특성으로 옳은 것을 모두 고르시오.

―――――――――――[보기]―――――――――――
(1) 물, 알코올, 에터에 녹는다.
(2) 구리나 마그네슘 합금용기에 저장한다.
(3) 분자량은 44g/mol, 인화점은 -20℃이다.
(4) 무색의 액체이다.

아세트알데하이드(CH_3CHO) - 제4류 위험물
- 아세트알데하이드는 제4류 위험물 중 특수인화물로 무색의 액체이며, 물, 알코올, 에터에 잘 녹는다.
- 아세트알데하이드는 저장 시 구리, 은, 수은, 마그네슘 등으로 만든 용기를 사용하지 않고, 스테인리스강이나 특수 코팅된 용기에 저장한다.
- 아세트알데하이드의 분자량은 12 + (1 × 3) + 12 + 1 + 16 = 44g/mol이고(C 원자량: 12, H 원자량: 1, O 원자량: 16), 인화점은 -38℃이다.

정답 (1), (4)

13

다음의 소화설비 적응성 표에서 소화가 가능한 경우 ○ 표시를 하시오.

소화 설비의 구분	대상물 구분											
	건축물·그 밖의 공작물	전기 설비	제1류 위험물		제2류 위험물			제3류 위험물		제4류 위험물	제5류 위험물	제6류 위험물
			알칼리금속 과산화물 등	그 밖의 것	철분·금속분·마그네슘 등	인화성 고체	그 밖의 것	금수성 물질	그 밖의 것			
옥내소화전 옥외소화전 설비	○			○		○	○		○		○	○
스프링클러 설비	○			○		○	○		○	△	○	○
물분무 소화설비												

소화설비의 기준(위험물안전관리법 시행규칙 별표 17)

소화설비의 구분	대상물 구분											
	건축물 그 밖의 공작물	전기 설비	제1류 위험물		제2류 위험물			제3류 위험물		제4류 위험물	제5류 위험물	제6류 위험물
			알칼리 금속 과산화물 등	그 밖의 것	철분·금속분·마그네슘 등	인화성 고체	그 밖의 것	금수성 물질	그 밖의 것			
옥내소화전 옥외소화전설비	○			○		○	○		○		○	○
스프링클러 설비	○			○		○	○		○	△	○	○
물분무 소화설비	○	○		○		○	○		○	○	○	○

- 물분무 소화설비는 주수소화, 질식소화에 효과가 있다.
- 건축물 그 밖의 공작물은 주수소화한다.
- 전기설비는 포 소화설비를 제외한 질식소화에 적응성이 있다. 물분무 소화설비는 물을 안개 형태로 분사해 절연성이 높아 전기설비에 적응성이 있다.

정답 [해설참조]

14

다음 [보기] 중 질산에스터류에 해당하는 물질을 모두 쓰시오.

---[보기]---
트라이나이트로톨루엔, 나이트로셀룰로오스, 나이트로글리세린, 테트릴, 질산메틸, 피크린산

품명	위험물	상태
질산에스터류	질산메틸 질산에틸 나이트로글리콜 나이트로글리세린	액체
	나이트로셀룰로오스 셀룰로이드	고체
나이트로화합물	트라이나이트로톨루엔 트라이나이트로페놀 다이나이트로벤젠 테트릴	고체

정답 나이트로셀룰로오스, 나이트로글리세린, 질산메틸

15

다음은 제4류 위험물에 대한 내용이다. 빈칸에 알맞은 내용을 쓰시오.

물질명	품명	지정수량(L)	수용성 여부
에틸렌글리콜	(①)	(③)	(⑤)
글리세린	(②)	(④)	(⑥)

물질명	품명	분자식	지정수량(L)	수용성 여부
에틸렌글리콜	제3석유류	$C_2H_4(OH)_2$	4,000	수용성
글리세린	제3석유류	$C_3H_5(OH)_3$	4,000	수용성

정답
① 제3석유류 ② 제3석유류
③ 4,000 ④ 4,000
⑤ 수용성 ⑥ 수용성

16 빈출

다음 물음에 답하시오.

(1) 트라이나이트로페놀(피크린산)의 구조식을 나타내시오.
(2) 트라이나이트로톨루엔(TNT)의 구조식을 나타내시오.

구분	트라이나이트로페놀(피크린산)	트라이나이트로톨루엔(TNT)
품명	나이트로화합물	나이트로화합물
분자식	$C_6H_2(NO_2)_3OH$	$C_6H_2(NO_2)_3CH_3$
구조식	(피크린산 구조식)	(TNT 구조식)
특징	페놀의 수산기(OH)에 세 개의 나이트로(NO_2) 그룹이 치환된 구조	톨루엔의 메틸 그룹(CH_3)에 세 개의 나이트로(NO_2) 그룹이 치환된 구조

정답 (1) 피크린산 구조식 (2) TNT 구조식

17

다음 [보기]의 위험물을 보고 질문에 대한 답을 쓰시오.

─────[보기]─────
특수인화물, 알코올류, 칼슘, 황린, 제2석유류

(1) 위험등급 Ⅰ등급을 모두 고르시오.
(2) 위험등급 Ⅱ등급을 모두 고르시오.

위험등급	위험물	유별	지정수량
Ⅰ	특수인화물	제4류 위험물	50L
	황린	제3류 위험물	20kg
Ⅱ	알코올류	제4류 위험물	400L
	칼슘	제3류 위험물	50kg
Ⅲ	제2석유류	제4류 위험물	비수용성 - 1,000L 수용성 - 2,000L

정답 (1) 특수인화물, 황린 (2) 알코올류, 칼슘

18

위험물은 그 운반용기 외부에 위험물안전관리법령에서 정하는 사항을 표시하여 적재하여야 한다. 위험물 운반용기의 외부에 표시하여야 하는 사항 중 3가지를 쓰시오.

위험물 운반용기 외부 표시사항(위험물안전관리법 시행규칙 별표 19)
- 위험물의 품명 · 위험등급 · 화학명 및 수용성
- 위험물의 수량
- 위험물 규정에 의한 주의사항

정답 위험물의 품명 · 위험등급 · 화학명 및 수용성, 위험물의 수량, 위험물 규정에 의한 주의사항 중 3개

19 빈출

물과의 반응으로 나오는 기체의 명칭을 쓰시오. (단, 없으면 "없음"이라 쓰시오.)

(1) 과산화마그네슘
(2) 칼슘
(3) 질산나트륨
(4) 수소화칼륨
(5) 과염소산나트륨

> (1) 과산화마그네슘과 물의 반응식
>   - $2MgO_2 + 2H_2O \rightarrow 2Mg(OH)_2 + O_2$
>   - 과산화마그네슘은 물과 반응하여 수산화마그네슘과 산소를 발생한다.
> (2) 칼슘과 물의 반응식
>   - $Ca + 2H_2O \rightarrow Ca(OH)_2 + H_2$
>   - 칼슘은 물과 반응하여 수산화칼슘과 수소를 발생한다.
> (3) 질산나트륨은 물과 반응하지 않는다.
> (4) 수소화칼륨과 물의 반응식
>   - $KH + H_2O \rightarrow KOH + H_2$
>   - 수소화칼륨은 물과 반응하여 수산화칼륨과 수소를 발생한다.
> (5) 과염소산나트륨은 물과 반응하지 않는다.

정답 (1) 산소 (2) 수소 (3) 없음 (4) 수소 (5) 없음

20 ✈빈출

다음 위험물의 화학식을 쓰시오.

(1) 다이크로뮴산나트륨
(2) 과망가니즈산칼륨
(3) 염소산칼륨

제1류 위험물(산화성 고체)

등급	품명	지정수량(kg)	위험물	분자식	기타
I	아염소산염류	50	아염소산나트륨	$NaClO_2$	-
	염소산염류		염소산칼륨	$KClO_3$	
			염소산나트륨	$NaClO_3$	
	과염소산염류		과염소산칼륨	$KClO_4$	
			과염소산나트륨	$NaClO_4$	
	무기과산화물		과산화칼륨	K_2O_2	• 과산화칼슘
			과산화나트륨	Na_2O_2	• 과산화마그네슘
II	브로민산염류	300	브로민산암모늄	NH_4BrO_3	-
	질산염류		질산칼륨	KNO_3	
			질산나트륨	$NaNO_3$	
	아이오딘산염류		아이오딘산칼륨	KIO_3	
III	과망가니즈산염류	1,000	과망가니즈산칼륨	$KMnO_4$	
	다이크로뮴산염류		다이크로뮴산칼륨	$K_2Cr_2O_7$	
			다이크로뮴산나트륨	$Na_2Cr_2O_7$	

정답 (1) $Na_2Cr_2O_7$ (2) $KMnO_4$ (3) $KClO_3$

2024 제3회 실기[필답형] 기출복원문제

01 빈출

다음 위험물의 연소반응식을 쓰시오.

(1) 삼황화인
(2) 오황화인

(1) 삼황화인의 연소반응식
- $P_4S_3 + 8O_2 \rightarrow 2P_2O_5 + 3SO_2$
- 삼황화인은 연소하여 오산화인과 이산화황을 생성한다.
(2) 오황화인의 연소반응식
- $2P_2S_5 + 15O_2 \rightarrow 2P_2O_5 + 10SO_2$
- 오황화인은 연소하여 오산화인과 이산화황을 생성한다.

 (1) $P_4S_3 + 8O_2 \rightarrow 2P_2O_5 + 3SO_2$
(2) $2P_2S_5 + 15O_2 \rightarrow 2P_2O_5 + 10SO_2$

02

하이드라진과 제6류 위험물 중 어떤 물질을 반응시키면 질소와 물이 반응한다. 다음 물음에 대하여 답하시오.

(1) 두 물질이 폭발적으로 반응하는 반응식을 쓰시오.
(2) 두 물질 중 제6류 위험물에 해당하는 물질의 위험물안전관리법령상의 기준을 쓰시오.

(1) 하이드라진과 과산화수소의 반응식
- $N_2H_4 + 2H_2O_2 \rightarrow N_2 + 4H_2O$
- 하이드라진과 과산화수소가 반응하면 질소와 물이 생성되며 폭발의 위험이 있다.
(2) 과산화수소는 제6류 위험물로 위험물안전관리법령상 농도가 36wt% 이상일 때 위험물로 간주된다.

 (1) $N_2H_4 + 2H_2O_2 \rightarrow N_2 + 4H_2O$
(2) 농도 36wt% 이상

03

제조소등으로부터 다음 시설물까지의 안전거리는 몇 m 이상으로 해야 하는지 쓰시오.

(1) 노인복지시설
(2) 고압가스시설
(3) 35,000V를 초과하는 특고압 가공전선

위험물제조소의 안전거리(위험물안전관리법 시행규칙 별표 4)

구분	거리
사용전압 7,000V 초과 35,000V 이하 특고압 가공전선	3m 이상
사용전압 35,000V 초과의 특고압 가공전선	5m 이상
주거용으로 사용	10m 이상
고압가스, 액화석유가스, 도시가스를 저장·취급하는 시설	20m 이상
학교, 병원급 의료기관, 영화상영관 등 수용인원 300명 이상 복지시설, 어린이집 등 수용인원 20명 이상	30m 이상
지정문화유산 및 천연기념물 등	50m 이상

정답 (1) 30m 이상 (2) 20m 이상 (3) 5m 이상

04 빈출

다음의 소화약제의 1차 열분해반응식을 쓰시오.

(1) 제1인산암모늄
(2) 탄산수소칼륨

분말 소화약제의 종류

약제명	주성분	분해식	색상	적응화재
제1종	탄산수소나트륨	$2NaHCO_3 \rightarrow Na_2CO_3 + CO_2 + H_2O$	백색	BC
제2종	탄산수소칼륨	$2KHCO_3 \rightarrow K_2CO_3 + CO_2 + H_2O$	보라색 (담회색)	BC
제3종	인산암모늄	1차: $NH_4H_2PO_4 \rightarrow NH_3 + H_3PO_4$ 2차: $NH_4H_2PO_4 \rightarrow NH_3 + HPO_3 + H_2O$	담홍색	ABC
제4종	탄산수소칼륨 + 요소	-	회색	BC

정답 (1) $NH_4H_2PO_4 \rightarrow NH_3 + H_3PO_4$
(2) $2KHCO_3 \rightarrow K_2CO_3 + CO_2 + H_2O$

05 ★빈출

그림과 같은 타원형 위험물 탱크의 내용적은 약 얼마인지 구하시오. (단, 단위는 m이다.)

양쪽이 볼록한 타원형 탱크의 내용적

$$V = \frac{\pi ab}{4}(l + \frac{l_1 + l_2}{3})$$

$$= \frac{\pi \times 2 \times 1}{4} \times (3 + \frac{0.3 + 0.3}{3}) = 5.03 m^3$$

정답 $5.03 m^3$

06

2몰의 염소산칼륨이 완전열분해될 때 생성되는 산소의 양(g)을 구하시오.

(1) 계산과정

(2) 답

- 염소산칼륨의 열분해반응식: $2KClO_3 \rightarrow 2KCl + 3O_2$
  염소산칼륨은 열분해하여 2mol의 염화칼륨과 3mol의 산소를 생성한다.
- 산소(O_2) 1mol의 분자량은 16 × 2 = 32g/mol이므로(O 원자량: 16), 생성되는 산소의 양은 3mol × 32g/mol = 96g이다.

정답 (1) [해설참조] (2) 96g

07

위험물안전관리법령상 지정수량의 3천배 초과 4천배 이하의 위험물을 저장하는 옥외탱크저장소에 확보하여야 하는 보유공지의 너비는 얼마인지 쓰시오.

옥외탱크저장소의 보유공지	
저장 또는 취급하는 위험물의 최대수량	공지의 너비
지정수량의 500배 이하	3m 이상
지정수량의 500배 초과 1,000배 이하	5m 이상
지정수량의 1,000배 초과 2,000배 이하	9m 이상
지정수량의 2,000배 초과 3,000배 이하	12m 이상
지정수량의 3,000배 초과 4,000배 이하	15m 이상

정답 15m 이상

08

제조소 또는 일반취급소에서 취급하는 제4류 위험물의 최대수량의 합이 지정수량의 24만배 이상 48만배 미만일 경우 화학소방자동차의 수 및 자체소방대원의 수를 쓰시오.

(1) 화학소방자동차의 수
(2) 자체소방대원의 수

자체소방대에 두는 화학소방자동차 및 자체소방대원 기준(위험물안전관리법 시행령 별표 8)		
제4류 위험물의 최대수량의 합	화학소방자동차(대)	자체소방대원(인)
지정수량의 3천배 이상 12만배 미만	1	5
지정수량의 12만배 이상 24만배 미만	2	10
지정수량의 24만배 이상 48만배 미만	3	15
지정수량의 48만배 이상	4	20

정답 (1) 3대 (2) 15명

09

다음 위험물별 이동저장탱크의 외부도장 색상을 알맞게 쓰시오.

(1) 제1류 위험물
(2) 제2류 위험물
(3) 제3류 위험물
(4) 제5류 위험물
(5) 제6류 위험물

이동저장탱크의 외부도장 색상(위험물안전관리에 관한 세부기준 제109조)

유별	제1류	제2류	제3류	제5류	제6류
색상	회색	적색	청색	황색	청색

정답 (1) 회색 (2) 적색 (3) 청색 (4) 황색 (5) 청색

10 빈출

제5류 위험물로 품명은 나이트로화합물이며 독성이 있고 물에는 녹지 않지만 알코올에 녹는 물질에 대하여 답하시오.

(1) 명칭을 쓰시오.
(2) 지정수량을 쓰시오.
(3) 구조식을 쓰시오.

트라이나이트로페놀(피크린산) – 제5류 위험물

품명	지정수량	분자식	구조식	일반적 성질
나이트로화합물	10kg	$C_6H_2(NO_2)_3OH$	(구조식)	• 황산과 질산의 혼산으로 나이트로화하여 제조한 것 • 물에는 녹지 않지만 알코올, 에터, 벤젠에는 잘 녹음 • 쓴맛이 있고, 독성이 있음

정답 (1) 트라이나이트로페놀 (2) 10kg (3) (구조식)

11

다음은 위험물안전관리법령에서 정한 제3석유류의 정의이다. ( ) 안에 알맞은 용어 또는 수치를 쓰시오.

> "제3석유류"란 (①), (②) 그 밖에 1기압에서 인화점이 섭씨 (③)도 이상 섭씨 (④)도 미만인 것을 말한다. 다만, 도료류 그 밖의 물품은 가연성 액체량이 (⑤)중량퍼센트 이하인 것은 제외한다.

제3석유류의 정의(위험물안전관리법 시행령 별표 1)
"제3석유류"란 중유, 크레오소트유 그 밖에 1기압에서 인화점이 섭씨 70도 이상 섭씨 200도 미만인 것을 말한다. 다만, 도료류 그 밖의 물품은 가연성 액체량이 40wt% 이하인 것은 제외한다.

정답 ① 중유 ② 크레오소트유 ③ 70 ④ 200 ⑤ 40

12 빈출

경유 600L, 중유 200L, 등유 300L, 톨루엔 400L를 보관하고 있다. 위험물안전관리법령상 각 위험물의 지정수량의 배수의 합은 얼마인지 구하시오.

(1) 계산과정
(2) 답

- 위험물별 지정수량

위험물	유별	품명	지정수량
경유	제4류 위험물	제2석유류(비수용성)	1,000L
중유		제3석유류(비수용성)	2,000L
등유		제2석유류(비수용성)	1,000L
톨루엔		제1석유류(비수용성)	200L

- 지정수량 배수 = $\dfrac{저장량}{지정수량}$

- 지정수량 배수의 총합 = $\dfrac{600L}{1,000L} + \dfrac{200L}{2,000L} + \dfrac{300L}{1,000L} + \dfrac{400L}{200L} = 3배$

정답 (1) [해설참조] (2) 3배

13

벽, 기둥 및 바닥이 내화구조로 된 건축물에 드럼통 3개가 들어 있다. 그림을 보고 다음 물음에 답하시오.

(1) 명칭
(2) 보유공지 1m일 때 최대 지정수량
(3) 처마의 높이

옥내저장소의 위치·구조·설비의 기준(위험물안전관리법 시행규칙 별표 5)

• 옥내저장소 보유공지

위험물 최대수량	공지의 너비	
	벽, 기둥 및 바닥: 내화구조	그 밖의 건축물
지정수량의 5배 이하	-	0.5m 이상
지정수량의 5배 초과 10배 이하	1m 이상	1.5m 이상
지정수량의 10배 초과 20배 이하	2m 이상	3m 이상
지정수량의 20배 초과 50배 이하	3m 이상	5m 이상
지정수량의 50배 초과 200배 이하	5m 이상	10m 이상
지정수량의 200배 초과	10m 이상	15m 이상

• 옥내저장소의 저장창고는 지면에서 처마까지의 높이(이하 "처마높이"라 한다)가 6m 미만인 단층건물로 하고 그 바닥은 지반면보다 높게 하여야 한다.

정답 (1) 옥내저장소 (2) 10배 (3) 6m 미만

14

제조소에서 위험물을 취급함에 있어서 정전기가 발생할 우려가 있는 설비에는 규정된 방법으로 정전기를 유효하게 제거할 수 있는 설비를 설치하여야 한다. 이에 해당하는 방법 3가지를 각각 쓰시오.

> **정전기 제거조건**
> - 접지에 의한 방법
> - 공기 중의 상대습도를 70% 이상으로 하는 방법
> - 공기를 이온화하는 방법

정답 접지에 의한 방법, 공기 중의 상대습도를 70% 이상으로 하는 방법, 공기를 이온화하는 방법

15 빈출

다음 제1류 위험물이 물과 반응하는 반응식을 쓰시오.

(1) 과산화나트륨
(2) 과산화마그네슘

> (1) 과산화나트륨과 물의 반응식
>   - $2Na_2O_2 + 2H_2O \rightarrow 4NaOH + O_2$
>   - 과산화나트륨은 물과 반응하여 수산화나트륨과 산소를 발생한다.
> (2) 과산화마그네슘과 물의 반응식
>   - $2MgO_2 + 2H_2O \rightarrow 2Mg(OH)_2 + O_2$
>   - 과산화마그네슘은 물과 반응하여 수산화마그네슘과 산소를 발생한다.

정답 (1) $2Na_2O_2 + 2H_2O \rightarrow 4NaOH + O_2$
(2) $2MgO_2 + 2H_2O \rightarrow 2Mg(OH)_2 + O_2$

16

금속나트륨 57.5g 연소 시 표준상태에서 산소의 부피를 구하시오.

(1) 계산과정
(2) 답

- 나트륨의 연소반응식: $4Na + O_2 \rightarrow 2Na_2O$
  나트륨은 연소하여 산화나트륨을 생성한다.
- 나트륨의 원자량은 23g/mol이므로, 나트륨 57.5g은 $\frac{57.5g}{23g/mol}$ = 2.5mol이다.
- 위의 반응식에서 나트륨 4mol당 산소 1mol이 필요하므로, 나트륨 2.5mol에 대해 필요한 산소의 몰수는 $\frac{2.5mol}{4mol}$ = 0.625mol이다.
- 표준상태에서 1mol의 기체는 22.4L의 부피를 차지하므로 산소의 부피는 0.625mol × 22.4L/mol = 14L이다.
  (표준상태: 0℃, 1기압에서 1mol의 부피 22.4L)

정답 (1) [해설참조] (2) 14L

17

다음 위험물의 화학명을 빈칸에 알맞게 쓰시오.

시성식	화학명
$CH_3COC_2H_5$	(①)
C_6H_5Cl	(②)
CH_3COOH	(③)

시성식	화학명	품명	지정수량
$CH_3COC_2H_5$	메틸에틸케톤	제1석유류(비수용성)	200L
C_6H_5Cl	클로로벤젠	제2석유류(비수용성)	1,000L
CH_3COOH	아세트산	제2석유류(수용성)	2,000L

정답 ① 메틸에틸케톤
② 클로로벤젠
③ 아세트산

18

다음 위험물을 보고 [보기]에서 알맞은 보호액을 찾아 쓰시오.

―――――――――――[보기]―――――――――――
염산, 경유, 유동파라핀, 물, 에틸알코올

(1) 칼륨
(2) 나트륨
(3) 황린

(1) 칼륨(K)은 알칼리금속으로 물과 매우 격렬하게 반응하면서 수소가스를 생성하고, 발열로 인해 폭발할 수 있으므로, 공기나 수분과의 접촉을 피하기 위해 경유, 유동파라핀 등 불활성 기름 속에 보관해야 한다.
(2) 나트륨(Na)은 알칼리금속으로 특히 물이나 공기와 쉽게 반응하여 폭발적인 반응을 일으킬 수 있으므로 안전하게 보관하기 위해 경유, 유동파라핀 등에 보관해야 한다.
(3) 황린(P_4)은 공기 중에서 자연발화의 위험이 있어 pH9인 물속에 저장한다.

정답 (1) 경유, 유동파라핀 (2) 경유, 유동파라핀 (3) 물

19

다음 빈칸에 위험물별 알맞은 지정수량을 쓰시오.

위험물	지정수량
알칼리금속과산화물	(①)
유기금속화합물	(②)
금속의 수소화물	(③)
금속의 인화물	(④)

위험물	지정수량
알칼리금속의 과산화물	50kg
유기금속화합물	50kg
금속의 수소화물	300kg
금속의 인화물	300kg

정답 ① 50kg ② 50kg ③ 300kg ④ 300kg

20

다음 제2류 위험물에 관한 표에서 잘못된 부분을 바르게 고치시오.

등급	품명	지정수량(kg)	위험물
I	황화인	100	삼황화인
			오황화인
			칠황화인
	적린		적린
	황		황
II	금속분	300	알루미늄분
			아연분
			안티몬
	철분		철분
	마그네슘		마그네슘
	인화성 고체	500	고형알코올

등급	품명	지정수량(kg)	위험물	화학식
II	황화인	100	삼황화인	P₄S₃
			오황화인	P₂S₅
			칠황화인	P₄S₇
	적린		적린	P
	황		황	S
III	금속분	500	알루미늄분	Al
			아연분	Zn
			안티몬	Sb
	철분		철분	Fe
	마그네슘		마그네슘	Mg
	인화성 고체	1,000	고형알코올	–

정답 I → II / II → III
300 → 500 / 500 → 1,000

CHAPTER 06
2024 제2회 실기[필답형] 기출복원문제

01 빈출

다음 그림을 보고 각 게시판의 바탕색과 문자색을 쓰시오.

(1) **화기엄금**

(2) **위험물일반취급소**

(3) **주유중엔진정지**

게시판 종류별 바탕색 및 문자색

종류	바탕색	문자색
위험물제조소등	백색	흑색
위험물	흑색	황색
주유 중 엔진정지	황색	흑색
화기엄금, 화기주의	적색	백색
물기엄금	청색	백색

정답 (1) 적색바탕, 백색글자 (2) 백색바탕, 흑색글자 (3) 황색바탕, 흑색글자

02

다음 표에 들어갈 알맞은 말을 쓰시오.

	(①)	
제조소	저장소	취급소
-	옥외·내저장소 옥외·내탱크저장소 (②) (③) 지하탱크저장소 암반탱크저장소	일반취급소 주유취급소 (④) (⑤)

위험물제조소등의 분류(위험물안전관리법 시행령 별표 2, 별표 3)		
위험물제조소등		
제조소	저장소	취급소
-	옥외·내저장소 옥외·내탱크저장소 이동탱크저장소 간이탱크저장소 지하탱크저장소 암반탱크저장소	일반취급소 주유취급소 판매취급소 이송취급소

정답 ① 위험물제조소등 ② 이동탱크저장소 ③ 간이탱크저장소
④ 판매취급소 ⑤ 이송취급소

03 빈출

다음 물음에 답하시오.

(1) 트라이나이트로페놀(피크린산)의 구조식을 나타내시오.
(2) 트라이나이트로톨루엔(TNT)의 구조식을 나타내시오.

구분	트라이나이트로페놀(피크린산)	트라이나이트로톨루엔(TNT)
품명	나이트로화합물	나이트로화합물
분자식	$C_6H_2(NO_2)_3OH$	$C_6H_2(NO_2)_3CH_3$
구조식	(구조식 이미지)	(구조식 이미지)
특징	페놀의 수산기(OH)에 세 개의 나이트로(NO_2) 그룹이 치환된 구조	톨루엔의 메틸 그룹(CH_3)에 세 개의 나이트로(NO_2) 그룹이 치환된 구조

정답 (1) 피크린산 구조식 (2) TNT 구조식

04 ★빈출

과산화칼륨 1mol이 충분한 이산화탄소와 반응하여 발생하는 산소의 부피는 표준상태에서 몇 L인지 쓰시오.

(1) 계산과정
(2) 답

- 과산화칼륨과 이산화탄소의 반응식: $2K_2O_2 + 2CO_2 \rightarrow 2K_2CO_3 + O_2$
  과산화칼륨은 이산화탄소와 반응하여 탄산칼륨과 산소를 발생한다.
- 위의 반응식에서 과산화칼륨과 산소는 2 : 1의 반응비로 반응하므로, 과산화칼륨 1mol이 반응할 때 산소는 0.5mol이 발생한다.
- 표준상태에서 1mol의 기체는 22.4L의 부피를 차지하므로, 산소의 부피는 0.5mol × 22.4L = 11.2L이다.
  (표준상태: 0℃, 1기압에서 1mol의 부피 22.4L)

정답 (1) [해설참조] (2) 11.2L

05 ★빈출

다음 각 분말 소화약제 주성분의 화학식을 쓰시오.

(1) 제1종 분말 소화약제
(2) 제2종 분말 소화약제
(3) 제3종 분말 소화약제

분말 소화약제의 종류

소화약제	명칭	주성분	적응화재	소화효과
1종	탄산수소나트륨	$NaHCO_3$	BC	질식 · 억제 (부촉매)
2종	탄산수소칼륨	$KHCO_3$	BC	
3종	인산암모늄	$NH_4H_2PO_4$	ABC	
4종	탄산수소칼륨 + 요소	$KHCO_3 + (NH_2)_2CO$	BC	

정답 (1) $NaHCO_3$ (2) $KHCO_3$ (3) $NH_4H_2PO_4$

06

다음 제1류 위험물의 화학식 및 지정수량을 각각 쓰시오.

(1) 다이크로뮴산칼륨
- 화학식
- 지정수량

(2) 과산화칼륨
- 화학식
- 지정수량

(3) 과망가니즈산칼륨
- 화학식
- 지정수량

(4) 염소산칼륨
- 화학식
- 지정수량

(5) 질산칼륨
- 화학식
- 지정수량

제1류 위험물(산화성 고체)

위험물	품명	화학식	지정수량
다이크로뮴산칼륨	다이크로뮴산염류	$K_2Cr_2O_7$	1,000kg
과산화칼륨	무기과산화물	K_2O_2	50kg
과망가니즈산칼륨	과망가니즈산염류	$KMnO_4$	1,000kg
염소산칼륨	염소산염류	$KClO_3$	50kg
질산칼륨	질산염류	KNO_3	300kg

정답
(1) $K_2Cr_2O_7$ / 1,000kg
(2) K_2O_2 / 50kg
(3) $KMnO_4$ / 1,000kg
(4) $KClO_3$ / 50kg
(5) KNO_3 / 300kg

07 ✈빈출

다음 위험물을 보고 물음에 알맞은 답을 쓰시오.

> 수소화칼륨, 리튬, 인화알루미늄, 탄화리튬, 탄화알루미늄

(1) 물과 반응 시 메탄을 생성하는 물질을 쓰시오.
(2) (1)의 물질이 물과 반응하는 반응식을 쓰시오.

- 수소화칼륨과 물의 반응식: $KH + H_2O \rightarrow KOH + H_2$
  수소화칼륨은 물과 반응하여 수산화칼륨과 수소를 발생한다.
- 리튬과 물의 반응식: $2Li + 2H_2O \rightarrow 2LiOH + H_2$
  리튬은 물과 반응하여 수산화리튬과 수소를 발생한다.
- 인화알루미늄과 물의 반응식: $AlP + 3H_2O \rightarrow Al(OH)_3 + PH_3$
  인화알루미늄은 물과 반응하여 수산화알루미늄과 포스핀을 발생한다.
- 탄화리튬과 물의 반응식: $Li_2C_2 + 2H_2O \rightarrow 2LiOH + C_2H_2$
  탄화리튬은 물과 반응하여 수산화리튬과 아세틸렌을 발생한다.
- 탄화알루미늄과 물의 반응식: $Al_4C_3 + 12H_2O \rightarrow 4Al(OH)_3 + 3CH_4$
  탄화알루미늄은 물과 반응하여 수산화알루미늄과 메탄을 발생한다.

정답 (1) 탄화알루미늄
(2) $Al_4C_3 + 12H_2O \rightarrow 4Al(OH)_3 + 3CH_4$

08

다음 인화물을 인화점이 낮은 것부터 높은 순서대로 쓰시오.

> 아세트산, 아세톤, 에틸알코올, 나이트로벤젠

위험물	분자식	품명	인화점(℃)	지정수량(L)
아세트산	CH_3COOH	제2석유류(수용성)	40	2,000
아세톤	CH_3COCH_3	제1석유류(수용성)	-18	400
에틸알코올	C_2H_5OH	알코올류	13	400
나이트로벤젠	$C_6H_5NO_2$	제3석유류(비수용성)	88	2,000

정답 아세톤, 에틸알코올, 아세트산, 나이트로벤젠

09 ★빈출

다음 그림을 보고 탱크의 내용적을 계산하는 공식을 쓰시오.

(1)

(2)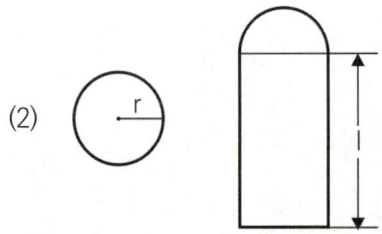

(1) 원통형 탱크 중 횡으로 설치한 탱크의 내용적 공식

$V = \pi r^2 (l + \dfrac{l_1 + l_2}{3})(1 - 공간용적)$

= 원의 면적 × (가운데 체적길이 + $\dfrac{양끝\ 체적길이\ 합}{3}$) × (1 - 공간용적)

(2) 원통형 탱크 중 종으로 설치한 탱크의 내용적 공식

$V = \pi r^2 l$ = 원의 면적 × 높이

정답
(1) $V = \pi r^2 (l + \dfrac{l_1 + l_2}{3})(1 - 공간용적)$
(2) $V = \pi r^2 l$

10

벤젠에서 수소 하나가 메틸기로 치환된 위험물에 대하여 다음 물음에 답하시오.

(1) 명칭
(2) 화학식
(3) 연소반응식

> **톨루엔($C_6H_5CH_3$) - 제4류 위험물(인화성 액체)**
> - 톨루엔은 벤젠의 수소원자 1개가 메틸기로 치환하여 생성되는 물질로 제1석유류(비수용성)이며, 지정수량은 200L이다.
> - 톨루엔을 진한 질산과 진한 황산으로 나이트로화하면 트라이나이트로톨루엔이 생성된다.
> - 톨루엔은 물에 녹지 않고 알코올, 에테르, 벤젠에 녹는다.
> - 톨루엔의 연소반응식: $C_6H_5CH_3 + 9O_2 \rightarrow 7CO_2 + 4H_2O$
>   톨루엔은 연소하여 이산화탄소와 물을 생성한다.

정답
(1) 톨루엔
(2) $C_6H_5CH_3$
(3) $C_6H_5CH_3 + 9O_2 \rightarrow 7CO_2 + 4H_2O$

11

비중이 2.5이고 적갈색인 제3류 위험물에 대하여 다음 물음에 답하시오.

(1) 물질명을 쓰시오.
(2) 물과의 반응식을 쓰시오.

> **인화칼슘(Ca_3P_2) - 제3류 위험물**
> 인화칼슘은 비중이 2.5이고, 적갈색인 제3류 위험물로 물과 접촉하면 발열반응을 일으키고 공기 중에서 자발적으로 연소할 수 있다.
> - 인화칼슘과 물의 반응식: $Ca_3P_2 + 6H_2O \rightarrow 3Ca(OH)_2 + 2PH_3$
>   인화칼슘은 물과 반응하여 수산화칼슘과 포스핀가스를 발생한다.

정답
(1) 인화칼슘
(2) $Ca_3P_2 + 6H_2O \rightarrow 3Ca(OH)_2 + 2PH_3$

12 빈출

다음 유별에 대하여 운반 시 혼재 가능한 유별을 모두 쓰시오. (단, 지정수량의 1/10을 초과하여 운반하는 경우이다.)

(1) 제1류 위험물
(2) 제2류 위험물
(3) 제3류 위험물

유별을 달리하는 위험물 혼재기준(지정수량 1/10배 초과)(위험물안전관리법 시행규칙 별표 19)

1	6		혼재 가능
2	5	4	혼재 가능
3	4		혼재 가능

정답 (1) 제6류 위험물 (2) 제5류 위험물, 제4류 위험물 (3) 제4류 위험물

13 빈출

위험물안전관리법령상 위험물 운반용기 외부에 표시해야 하는 주의사항을 쓰시오.

(1) 알칼리금속의 과산화물
(2) 철분
(3) 자연발화성 물질
(4) 제4류 위험물
(5) 제6류 위험물

위험물 유별 운반용기 외부 주의사항과 게시판(위험물안전관리법 시행규칙 별표 4, 별표 19)

유별	종류	운반용기 외부 주의사항	게시판
제1류	알칼리금속의 과산화물	가연물접촉주의, 화기·충격주의, 물기엄금	물기엄금
	그 외	가연물접촉주의, 화기·충격주의	-
제2류	철분, 금속분, 마그네슘	화기주의, 물기엄금	화기주의
	인화성 고체	화기엄금	화기엄금
	그 외	화기주의	화기주의
제3류	자연발화성 물질	화기엄금, 공기접촉엄금	화기엄금
	금수성 물질	물기엄금	물기엄금
제4류	-	화기엄금	화기엄금
제5류	-	화기엄금, 충격주의	화기엄금
제6류	-	가연물접촉주의	-

정답 (1) 가연물접촉주의, 화기·충격주의, 물기엄금 (2) 화기주의, 물기엄금 (3) 화기엄금, 공기접촉엄금 (4) 화기엄금 (5) 가연물접촉주의

14

제6류 위험물에 대하여 다음 물음에 답하시오. (해당하지 않으면 "해당 없음"이라 쓰시오.)

(1) 질산
- 화학식
- 위험물 기준

(2) 과염소산
- 화학식
- 위험물 기준

(3) 과산화수소
- 화학식
- 위험물 기준

제6류 위험물(산화성 액체)

위험물	화학식	위험물 기준	지정수량
질산	HNO_3	비중 1.49 이상	300kg
과염소산	$HClO_4$	-	
과산화수소	H_2O_2	농도 36wt% 이상	

정답
(1) HNO_3 / 비중 1.49 이상
(2) $HClO_4$ / 해당 없음
(3) H_2O_2 / 농도 36wt% 이상

15

금속칼륨이 다음 물질과 반응할 때 화학반응식을 쓰시오.

(1) 물
(2) 에틸알코올

(1) 칼륨과 물의 반응식
- $2K + 2H_2O \rightarrow 2KOH + H_2$
- 칼륨은 물과 반응하여 수산화칼륨과 수소를 발생한다.

(2) 칼륨과 에틸알코올의 반응식
- $2K + 2C_2H_5OH \rightarrow 2C_2H_5OK + H_2$
- 칼륨은 에틸알코올과 반응하여 칼륨에틸레이트와 수소를 발생한다.

정답
(1) $2K + 2H_2O \rightarrow 2KOH + H_2$
(2) $2K + 2C_2H_5OH \rightarrow 2C_2H_5OK + H_2$

16 ⭐빈출

다음 위험물이 물과 반응 후 생성되는 기체에 대하여 쓰시오.

(1) 인화칼슘
(2) 칼륨
(3) 탄화알루미늄
(4) 탄화칼슘

> (1) 인화칼슘과 물의 반응식
> - $Ca_3P_2 + 6H_2O \rightarrow 3Ca(OH)_2 + 2PH_3$
> - 인화칼슘은 물과 반응하여 수산화칼슘과 포스핀가스를 발생한다.
> (2) 칼륨과 물의 반응식
> - $2K + 2H_2O \rightarrow 2KOH + H_2$
> - 칼륨은 물과 반응하여 수산화칼륨과 수소를 발생한다.
> (3) 탄화알루미늄과 물의 반응식
> - $Al_4C_3 + 12H_2O \rightarrow 4Al(OH)_3 + 3CH_4$
> - 탄화알루미늄은 물과 반응하여 수산화알루미늄과 메탄을 발생한다.
> (4) 탄화칼슘과 물의 반응식
> - $CaC_2 + 2H_2O \rightarrow Ca(OH)_2 + C_2H_2$
> - 탄화칼슘은 물과 반응하여 수산화칼슘과 아세틸렌을 발생한다.

정답 (1) 포스핀 (2) 수소 (3) 메탄 (4) 아세틸렌

17 ⭐빈출

과산화수소 1,200kg, 질산 600kg, 과염소산 900kg을 같은 장소에 저장하려 할 때 각 위험물의 지정수량 배수의 총합은 얼마인지 구하시오.

(1) 계산과정
(2) 답

> - 과산화수소, 질산, 과염소산은 제6류 위험물로 지정수량이 모두 300kg이다.
> - 지정수량 배수 = $\dfrac{저장량}{지정수량}$
> - 지정수량 배수의 총합 = $\dfrac{1,200kg}{300kg} + \dfrac{600kg}{300kg} + \dfrac{900kg}{300kg}$ = 9배

정답 (1) [해설참조] (2) 9배

18 ✈빈출

이황화탄소 76g이 연소 시 발생 기체의 부피(L)를 구하시오. (단, 표준상태이다.)

- 이황화탄소의 연소반응식: $CS_2 + 3O_2 \rightarrow CO_2 + 2SO_2$
  이황화탄소는 연소하여 1mol의 이산화탄소와 2mol의 아황산가스(이산화황)를 발생하므로 총 3mol의 기체가 발생한다. 이황화탄소(CS_2)의 분자량은 12 + (32 × 2) = 76g/mol이므로 이황화탄소 76g은 1mol을 의미한다.
  (C 원자량: 12, S 원자량: 32)
- 표준상태에서 1mol의 기체는 22.4L의 부피를 차지하므로 발생 기체의 부피는 3mol × 22.4L = 67.2L이다.
  (표준상태: 0℃, 1기압에서 1mol의 부피 22.4L)

정답 67.2L

19

위험물안전관리법령상 제4류 위험물 중 다음 품명의 인화점 범위를 1기압 기준으로 쓰시오.

(1) 제1석유류
(2) 제3석유류
(3) 제4석유류

제4류 위험물의 기준(위험물안전관리법 시행령 별표 1)
- "특수인화물"이라 함은 이황화탄소, 다이에틸에터 그 밖에 1기압에서 발화점이 섭씨 100도 이하인 것 또는 인화점이 섭씨 영하 20도 이하이고 비점이 섭씨 40도 이하인 것을 말한다.
- "제1석유류"라 함은 아세톤, 휘발유 그 밖에 1기압에서 인화점이 섭씨 21도 미만인 것을 말한다.
- "알코올류"라 함은 1분자를 구성하는 탄소원자의 수가 1개부터 3개까지인 포화1가 알코올(변성알코올을 포함한다)을 말한다.
- "제2석유류"라 함은 등유, 경유 그 밖에 1기압에서 인화점이 섭씨 21도 이상 70도 미만인 것을 말한다. 다만, 도료류 그 밖의 물품에 있어서 가연성 액체량이 40중량퍼센트 이하이면서 인화점이 섭씨 40도 이상인 동시에 연소점이 섭씨 60도 이상인 것은 제외한다.
- "제3석유류"란 중유, 크레오소트유, 그 밖에 1기압에서 인화점이 섭씨 70도 이상 섭씨 200도 미만인 것을 말한다. 다만, 도료류 그 밖의 물품은 가연성 액체량이 40중량퍼센트 이하인 것은 제외한다.
- "제4석유류"라 함은 기어유, 실린더유 그 밖에 1기압에서 인화점이 섭씨 200도 이상 섭씨 250도 미만의 것을 말한다. 다만 도료류 그 밖의 물품은 가연성 액체량이 40중량퍼센트 이하인 것은 제외한다.
- "동식물유류"라 함은 동물의 지육 등 또는 식물의 종자나 과육으로부터 추출한 것으로서 1기압에서 인화점이 섭씨 250도 미만인 것을 말한다.

정답
(1) 섭씨 21도 미만인 것
(2) 섭씨 70도 이상 섭씨 200도 미만인 것
(3) 섭씨 200도 이상 섭씨 250도 미만의 것

20

비중이 0.79인 에틸알코올 200ml와 물 150ml를 혼합하였다. 다음 물음에 답하시오.

(1) 에틸알코올의 함유량은 몇 wt%인지 구하시오.

(2) (1)의 에틸알코올은 위험물안전관리법령상 제4류 위험물의 알코올류에 속하는지 여부를 판단하고 그 이유를 쓰시오.

> (1) 에틸알코올의 농도(wt%)
> - 에틸알코올의 비중: 0.79
> - 에틸알코올 200ml의 질량: 200ml × 0.79g/ml = 158g
> - 물의 비중: 1.0
> - 물 150ml의 질량: 150ml × 1.0g/ml = 150g
> - 혼합물의 총 질량: 에틸알코올의 질량 + 물의 질량 = 158g + 150g = 308g
> - 중량퍼센트(wt%) = $\dfrac{158g}{308g}$ × 100 = 51.30wt%
>
> (2) 위험물안전관리법령상 알코올류의 기준은 알코올류 1분자를 구성하는 탄소원자의 수가 1개 내지 3개의 포화1가 알코올의 함유량이 60wt% 이상일 때이므로 (1)의 에틸알코올은 알코올류에 속하지 않는다.

정답 (1) 51.30%
(2) 농도가 60wt% 미만이므로 알코올류에 속하지 않는다.

CHAPTER 07
2024 제1회 실기[필답형] 기출복원문제

01

위험물안전관리법령상 위험물의 운반에 관한 기준에 따르면 적재하는 위험물의 성질에 따라 일광의 직사 또는 빗물의 침투를 방지하기 위해 유효하게 피복하는 등 기준에 따른 조치를 하여야 한다. 다음 위험물에는 어떠한 조치를 하여야 하는지 물음에 답하시오.

(1) 다이에틸에터는 어떤 피복으로 가려야 하는지 쓰시오.
(2) 무기과산화물은 어떤 피복으로 가려야 하는지 쓰시오.
(3) 황린은 어떤 피복으로 덮어야 하는지 쓰시오.
(4) 질산은 어떤 피복으로 덮어야 하는지 쓰시오.
(5) 마그네슘은 어떤 피복으로 덮어야 하는지 쓰시오.

위험물의 피복 유형(위험물안전관리법 시행규칙 별표 19)

위험물	종류	피복
제1류	알칼리금속의 과산화물	방수성, 차광성
	그 외	차광성
제2류	철분, 금속분, 마그네슘	방수성
제3류	자연발화성 물질	차광성
	금수성 물질	방수성
제4류	특수인화물	차광성
제5류	-	차광성
제6류		차광성

- 다이에틸에터(제4류 위험물 중 특수인화물): 차광성 있는 피복
- 무기과산화물(제1류 위험물 중 알칼리금속의 과산화물): 방수성, 차광성 있는 피복
- 황린(제3류 위험물 중 자연발화성 물질): 차광성 있는 피복
- 질산(제6류 위험물): 차광성 있는 피복
- 마그네슘(제2류 위험물): 방수성 있는 피복

정답 (1) 차광성 있는 피복 (2) 방수성, 차광성 있는 피복 (3) 차광성 있는 피복 (4) 차광성 있는 피복 (5) 방수성 있는 피복

02 ★빈출

다음과 같은 원통형 탱크의 내용적(m³)을 구하시오.

횡으로 설치한 원통형 탱크의 내용적

$$V = \pi r^2 \left(l + \frac{l_1 + l_2}{3}\right)(1 - 공간용적)$$

$$= 원의\ 면적 \times \left(가운데\ 체적길이 + \frac{양끝\ 체적길이\ 합}{3}\right) \times (1 - 공간용적)$$

$$= \pi \times 1^2 \times \left(4 + \frac{1.5 + 1.5}{3}\right) = 15.71 m^3$$

정답 15.71m³

03

화학소방자동차의 수 및 자체소방대원의 수를 다음과 같이 구분할 때 빈칸을 모두 채우시오.

제4류 위험물의 최대수량의 합	화학소방자동차(대)	자체소방대원(인)
지정수량의 (①)배 이상 12만배 미만	1	5
지정수량의 12만배 이상 24만배 미만	(③)	10
지정수량의 (②)만배 이상 48만배 미만	3	15
지정수량의 48만배 이상	4	(④)

자체소방대에 두는 화학소방자동차 및 자체소방대원 기준(위험물안전관리법 시행령 별표 8)

제조소 또는 일반취급소에서 취급하는 제4류 위험물의 최대수량의 합	화학소방자동차(대)	자체소방대원(인)
지정수량의 3천배 이상 12만배 미만	1	5
지정수량의 12만배 이상 24만배 미만	2	10
지정수량의 24만배 이상 48만배 미만	3	15
지정수량의 48만배 이상	4	20

정답 ① 3,000 ② 24 ③ 2 ④ 20

04

1기압 30℃에서 아세톤의 증기밀도를 구하시오.

(1) 계산과정

(2) 답

- 이상기체 방정식을 이용하여 아세톤의 증기밀도를 구하기 위해 $PV = \frac{wRT}{M}$의 식을 사용한다.

- 이때 밀도 $\rho = \frac{w}{V}$이므로 $\rho = \frac{PM}{RT}$가 되고 다음과 같은 식이 된다.

$$\rho = \frac{PM}{RT} = \frac{1 \times 58g/mol}{0.082 \times 303K} = 2.334g/L$$

- P: 압력(1atm)
- V: 부피(L)
- M: 분자량(g) → 아세톤(CH_3COCH_3)의 분자량 = 12 + (1 × 3) + 12 + 16 + 12 + (1 × 3) = 58g/mol
  (C 원자량: 12, H 원자량: 1, O 원자량: 16)
- R: 기체상수(0.082L · atm/mol · K)
- T: 절대온도(K, 절대온도로 변환하기 위해 273을 더한다) → 30 + 273 = 303K

정답 (1) [해설참조] (2) 2.33g/L

05 빈출

아연분에 대하여 다음 각 물음에 답하시오.

(1) 공기 중 수분에 의한 화학반응식을 쓰시오.
(2) 염산과 반응할 경우 발생 기체는 무엇인지 쓰시오.

> (1) 아연과 물의 반응식
> - $Zn + 2H_2O \rightarrow Zn(OH)_2 + H_2$
> - 아연은 물과 반응하여 수산화아연과 수소를 발생한다.
> (2) 아연과 염산의 반응식
> - $Zn + 2HCl \rightarrow ZnCl_2 + H_2$
> - 아연은 염산과 반응하여 염화아연과 수소를 발생한다.

정답 (1) $Zn + 2H_2O \rightarrow Zn(OH)_2 + H_2$ (2) 수소(H_2)

06

나이트로글리세린이 폭발, 분해되면 이산화탄소, 질소, 산소, 수증기가 발생한다. 다음 물음에 답하시오.

(1) 분해반응식을 쓰시오.
(2) 표준상태에서 나이트로글리세린 1kmol 분해 시 발생하는 기체의 총 부피는 몇 m³인지 구하시오.

> (1) 나이트로글리세린의 분해반응식
> - $4C_3H_5(ONO_2)_3 \rightarrow 12CO_2 + 6N_2 + O_2 + 10H_2O$
> - 나이트로글리세린은 분해하여 이산화탄소, 질소, 산소, 물을 생성한다.
> (2) 발생 기체의 총 부피(m³)
> - 반응식을 통해 알 수 있는 나이트로글리세린 4mol 분해 후 생성물의 몰수의 합 = 12 + 6 + 1 + 10 = 29mol
> - 1kmol의 나이트로글리세린이 분해 시 발생하는 기체의 몰수 = $1kmol \times \dfrac{29}{4}$ = 7.25kmol = 7,250mol
> - 표준상태에서 발생하는 기체의 총 부피 = 7,250mol × 22.4L/mol = 162,400L = 162,400,000cm³ = 162.4m³
>   (표준상태: 0℃, 1기압에서 1mol의 부피 22.4L)

정답 (1) $4C_3H_5(ONO_2)_3 \rightarrow 12CO_2 + 6N_2 + O_2 + 10H_2O$
(2) 162.4m³

07 빈출

제1류 위험물 중 과산화칼륨이 다음 물질과 반응할 때 화학반응식을 쓰시오.

(1) 물
(2) 이산화탄소

> (1) 과산화칼륨과 물의 반응식
>   • $2K_2O_2 + 2H_2O \rightarrow 4KOH + O_2$
>   • 과산화칼륨은 물과 반응하여 수산화칼륨과 산소를 발생한다.
> (2) 과산화칼륨과 이산화탄소의 반응식
>   • $2K_2O_2 + 2CO_2 \rightarrow 2K_2CO_3 + O_2$
>   • 과산화칼륨은 이산화탄소와 반응하여 탄산칼륨과 산소를 발생한다.

정답 (1) $2K_2O_2 + 2H_2O \rightarrow 4KOH + O_2$
      (2) $2K_2O_2 + 2CO_2 \rightarrow 2K_2CO_3 + O_2$

08

위험물안전관리법령상 제4류 위험물 중 다음 품명의 인화점 범위를 1기압 기준으로 쓰시오.

(1) 제1석유류
(2) 제3석유류
(3) 제4석유류

> **제4류 위험물의 기준(위험물안전관리법 시행령 별표 1)**
> • "특수인화물"이라 함은 이황화탄소, 다이에틸에터 그 밖에 1기압에서 발화점이 섭씨 100도 이하인 것 또는 인화점이 섭씨 영하 20도 이하이고 비점이 섭씨 40도 이하인 것을 말한다.
> • "제1석유류"라 함은 아세톤, 휘발유 그 밖에 1기압에서 인화점이 섭씨 21도 미만인 것을 말한다.
> • "알코올류"라 함은 1분자를 구성하는 탄소원자의 수가 1개부터 3개까지인 포화1가 알코올(변성알코올을 포함한다)을 말한다.
> • "제2석유류"라 함은 등유, 경유 그 밖에 1기압에서 인화점이 섭씨 21도 이상 70도 미만인 것을 말한다. 다만, 도료류 그 밖의 물품에 있어서 가연성 액체량이 40중량퍼센트 이하이면서 인화점이 섭씨 40도 이상인 동시에 연소점이 섭씨 60도 이상인 것은 제외한다.
> • "제3석유류"란 중유, 크레오소트유, 그 밖에 1기압에서 인화점이 섭씨 70도 이상 섭씨 200도 미만인 것을 말한다. 다만, 도료류 그 밖의 물품은 가연성 액체량이 40중량퍼센트 이하인 것은 제외한다.
> • "제4석유류"라 함은 기어유, 실린더유 그 밖에 1기압에서 인화점이 섭씨 200도 이상 섭씨 250도 미만의 것을 말한다. 다만 도료류 그 밖의 물품은 가연성 액체량이 40중량퍼센트 이하인 것은 제외한다.
> • "동식물유류"라 함은 동물의 지육 등 또는 식물의 종자나 과육으로부터 추출한 것으로서 1기압에서 인화점이 섭씨 250도 미만인 것을 말한다.

정답 (1) 섭씨 21도 미만인 것
      (2) 섭씨 70도 이상 섭씨 200도 미만인 것
      (3) 섭씨 200도 이상 섭씨 250도 미만의 것

09 빈출

알루미늄분은 왜 주수소화를 할 수 없는지 그 이유를 설명하시오.

> **알루미늄분과 물의 반응식**
> - $2Al + 6H_2O \rightarrow 2Al(OH)_3 + 3H_2$
> - 알루미늄분은 물과 반응하여 수산화알루미늄과 가연성의 수소가스를 발생하며 폭발의 위험이 있기 때문에 주수소화를 금지한다.

정답 알루미늄분은 물과 반응하여 가연성의 수소가스를 발생하며 폭발의 위험이 있기 때문에 주수소화를 금지한다.

10 빈출

다음 물질이 물과 반응 시 발생하는 인화성 가스의 명칭을 쓰시오. (단, 없으면 "없음"이라 쓰시오.)

(1) 수소화칼륨
(2) 리튬
(3) 인화알루미늄
(4) 탄화리튬
(5) 탄화알루미늄

> (1) 수소화칼륨과 물의 반응식
>   - $KH + H_2O \rightarrow KOH + H_2$
>   - 수소화칼륨은 물과 반응하여 수산화칼륨과 수소를 발생한다.
> (2) 리튬과 물의 반응식
>   - $2Li + 2H_2O \rightarrow 2LiOH + H_2$
>   - 리튬은 물과 반응하여 수산화리튬과 수소를 발생한다.
> (3) 인화알루미늄과 물의 반응식
>   - $AlP + 3H_2O \rightarrow Al(OH)_3 + PH_3$
>   - 인화알루미늄은 물과 반응하여 수산화알루미늄과 포스핀을 발생한다.
> (4) 탄화리튬과 물의 반응식
>   - $Li_2C_2 + 2H_2O \rightarrow 2LiOH + C_2H_2$
>   - 탄화리튬은 물과 반응하여 수산화리튬과 아세틸렌을 발생한다.
> (5) 탄화알루미늄과 물의 반응식
>   - $Al_4C_3 + 12H_2O \rightarrow 4Al(OH)_3 + 3CH_4$
>   - 탄화알루미늄은 물과 반응하여 수산화알루미늄과 메탄을 발생한다.

정답 (1) 수소 (2) 수소 (3) 포스핀 (4) 아세틸렌 (5) 메탄

11

다음은 제1류 위험물에 대한 내용이다. 빈칸에 알맞은 내용을 쓰시오.

물질명	화학식	지정수량(kg)
과망가니즈산나트륨	(①)	1,000
과염소산나트륨	(②)	(③)
질산칼륨	(④)	(⑤)

제1류 위험물(산화성 고체)

물질명	품명	화학식	지정수량(kg)
과망가니즈산나트륨	과망가니즈산염류	$NaMnO_4$	1,000
과염소산나트륨	과염소산염류	$NaClO_4$	50
질산칼륨	질산염류	KNO_3	300

정답 ① $NaMnO_4$ ② $NaClO_4$ ③ 50 ④ KNO_3 ⑤ 300

12

아세트알데하이드가 산화되어 아세트산이 되는 과정과 환원되어 에틸알코올이 되는 과정을 화학반응식으로 나타내시오.

(1) 산화반응
(2) 환원반응

(1) 아세트알데하이드의 산화반응
- $2CH_3CHO + O_2 \rightarrow 2CH_3COOH$
- 아세트알데하이드는 산소에 의해 산화되어 아세트산이 된다.

(2) 아세트알데하이드의 환원반응
- $CH_3CHO + H_2 \rightarrow C_2H_5OH$
- 아세트알데하이드는 수소에 의해 환원되어 에틸알코올이 된다.

정답 (1) $2CH_3CHO + O_2 \rightarrow 2CH_3COOH$
(2) $CH_3CHO + H_2 \rightarrow C_2H_5OH$

13

판매취급소에 대하여 다음 물음에 답하시오.

(1) 제2종 판매취급소는 위험물을 지정수량의 몇 배 이하로 취급해야 하는지 쓰시오.
(2) 배합실의 바닥면적의 범위를 쓰시오.
(3) 배합실의 출입구 문턱의 높이는 몇 m 이상으로 해야 하는지 쓰시오.

> 판매취급소의 위치, 구조 및 설비의 기준(위험물안전관리법령 시행규칙 별표 14)
> • 저장 또는 취급하는 위험물의 수량이 지정수량의 40배 이하인 판매취급소는 제2종 판매취급소라 한다.
> • 배합실의 바닥면적은 $6m^2$ 이상 $15m^2$ 이하로 할 것
> • 배합실의 출입구 문턱의 높이는 바닥면으로부터 0.1m 이상으로 할 것

 (1) 40배 이하
(2) $6m^2$ 이상 $15m^2$ 이하
(3) 0.1m 이상

14

비중 0.8인 메틸알코올 50L를 0℃, 1기압에서 연소시킬 때 다음 물음에 답하시오.

(1) 연소반응식
(2) 필요한 산소의 부피(m^3)

> (1) 메틸알코올의 연소반응식
> • $2CH_3OH + 3O_2 \rightarrow 2CO_2 + 4H_2O$
> • 메틸알코올은 연소하여 이산화탄소와 물을 생성한다.
> (2) 필요한 산소의 부피(m^3)
> • 메틸알코올의 비중이 $0.8g/cm^3$이고, 주어진 부피가 50L이므로, 메틸알코올의 총 질량은 다음과 같다.
> • 메틸알코올의 총 질량(g) = 비중(kg/L) × 부피(L) × 1,000 = 0.8 × 50 × 1,000 = 40,000g
> • 메틸알코올(CH_3OH)의 분자량 = 12 + (1 × 4) + 16 = 32g/mol (C 원자량: 12, H 원자량: 1, O 원자량: 16)
> • 메틸알코올의 총 몰수 = $\frac{질량(g)}{몰질량(g/mol)} = \frac{40,000}{32}$ = 1,250mol
> • 메틸알코올의 연소반응식 (1)을 통해 2mol의 메틸알코올이 3mol의 산소와 반응함을 알 수 있다.
> • 메틸알코 1,250mol을 연소하기 위해 필요한 이론 산소의 몰수는 다음과 같다.
> • 산소의 몰수 = $\frac{3}{2}$ × 1,250 = 1,875mol
> • 따라서 표준상태에서 필요한 산소의 부피 = 1,875mol × 22.4L/mol = 42,000L = 42.0m^3
>   (표준상태: 0℃, 1기압에서 1mol의 부피 22.4L)

 (1) $2CH_3OH + 3O_2 \rightarrow 2CO_2 + 4H_2O$
(2) 42.0m^3

15

위험물안전관리법상 지정과산화물 옥내저장소의 저장창고 기준에 대하여 다음 물음에 답하시오.

(1) 창은 바닥면으로부터 몇 m 이상 높이에 두어야 하는지 쓰시오.
(2) 하나의 창의 면적은 몇 m² 이내로 하여야 하는지 쓰시오.
(3) 하나의 벽면에 설치하는 창의 면적의 합계는 그 벽의 면적의 얼마 이내가 되도록 하여야 하는지 쓰시오.

> **옥내저장소의 저장창고 기준(위험물안전관리법 시행규칙 별표 5)**
> 저장창고의 창은 바닥면으로부터 2m 이상의 높이에 두되, 하나의 벽면에 두는 창의 면적의 합계를 당해 벽면의 면적의 80분의 1 이내로 하고, 하나의 창의 면적을 $0.4m^2$ 이내로 할 것

정답 (1) 2m (2) $0.4m^2$ (3) 80분의 1

16

다음 물질의 화학식을 쓰시오.

(1) 사이안화수소
(2) 피리딘
(3) 에틸렌글리콜
(4) 다이에틸에터
(5) 에틸알코올

제4류 위험물

위험물	품명	분자식	특징
사이안화수소	제1석유류(수용성)	HCN	• 무색의 독성이 매우 강한 화합물 • 흡입 또는 섭취 시 치명적임
피리딘	제1석유류(수용성)	C_5H_5N	• 무색의 액체로, 특유의 불쾌한 냄새를 지님 • 주로 화학반응에서 용매로 사용되며, 약물 합성에 중요한 중간체로 사용됨
에틸렌글리콜	제3석유류(수용성)	$C_2H_4(OH)_2$	• 무색, 무취의 점성이 있는 액체 • 독성이 있음 • 주로 부동액 및 냉각제로 사용됨
다이에틸에터	특수인화물	$C_2H_5OC_2H_5$	• 무색의 휘발성 액체로, 특유의 냄새를 지님 • 주로 유기 용매로 사용됨
에틸알코올	알코올류	C_2H_5OH	• 무색의 휘발성 액체로, 알코올의 일종 • 물과 완전히 혼합되며, 소독제, 음료용 알코올, 용매 등으로 널리 사용됨

정답 (1) HCN (2) C_5H_5N (3) $C_2H_4(OH)_2$ (4) $C_2H_5OC_2H_5$ (5) C_2H_5OH

17

위험물안전관리법령상 제4류 위험물을 운송할 때 위험물안전카드를 휴대해야 하는 위험물 품명 2가지를 쓰시오.

> 위험물 운송책임자의 감독 또는 지원의 방법과 위험물의 운송시에 준수하여야 하는 사항(위험물안전관리법 시행규칙 별표 21)
> 위험물(제4류 위험물에 있어서는 특수인화물 및 제1석유류에 한한다)을 운송하게 하는 자는 위험물안전카드를 위험물운송자로 하여금 휴대하게 해야 한다.

정답 특수인화물, 제1석유류

18 ★빈출

경유 500L, 중유 1,000L, 에틸알코올 400L, 다이에틸에터 150L를 저장하고 있다. 각 물질의 지정수량 배수의 총합은 얼마인지 쓰시오.

(1) 계산과정
(2) 답

• 위험물별 지정수량

위험물	유별	품명	지정수량
경유	제4류 위험물	제2석유류(비수용성)	1,000L
중유	제4류 위험물	제3석유류(비수용성)	2,000L
에틸알코올	제4류 위험물	알코올류	400L
다이에틸에터	제4류 위험물	특수인화물	50L

• 지정수량 배수 = $\frac{저장량}{지정수량}$

• 지정수량 배수의 총합 = $\frac{500L}{1,000L} + \frac{1,000L}{2,000L} + \frac{400L}{400L} + \frac{150L}{50L} = 5배$

정답 (1) [해설참조] (2) 5배

19

아세트산(초산)에 대하여 다음 물음에 답하시오.

(1) 화학식
(2) 증기비중

아세트산(초산) - 제4류 위험물(인화성 액체)

품명	화학식	지정수량	증기비중
제2석유류 (수용성)	CH_3COOH	2,000L	$\dfrac{\text{아세트산 분자량}}{\text{공기의 평균 분자량}} = \dfrac{(12 \times 2) + (1 \times 4) + (16 \times 2)}{29} = 2.068$ (C 원자량: 12, H 원자량: 1, O 원자량: 16)

정답 (1) CH_3COOH (2) 2.07

20

내화구조가 아닌 옥내저장소 450m²의 소요단위를 구하시오.

(1) 계산과정
(2) 답

소화설비 설치기준(위험물안전관리법 시행규칙 별표 17)

- 소요단위(연면적)

구분	외벽 내화구조	외벽 비내화구조
위험물제조소 취급소	100m²	50m²
위험물저장소	150m²	75m²

- 저장소 외벽이 비내화구조일 때 1소요단위는 75m²이므로 연면적 450m²의 소요단위는 다음과 같다.

$\dfrac{450m^2}{75m^2} = 6$ 소요단위

정답 (1) $\dfrac{450m^2}{75m^2} = 6$ (2) 6소요단위

2023 제4회 실기[필답형] 기출복원문제

01 빈출

다음 유별에 대하여 운반 시 혼재 가능한 유별을 모두 쓰시오. (단, 지정수량의 1/10을 초과하여 운반하는 경우이다.)

(1) 제1류 위험물
(2) 제2류 위험물
(3) 제3류 위험물

유별을 달리하는 위험물 혼재기준(지정수량 1/10배 초과)(위험물안전관리법 시행규칙 별표 19)

1	6		혼재 가능
2	5	4	혼재 가능
3	4		혼재 가능

정답
(1) 제6류 위험물
(2) 제5류 위험물, 제4류 위험물
(3) 제4류 위험물

02

아닐린에 대하여 다음 물음에 답하시오.

(1) 품명
(2) 지정수량
(3) 분자량

아닐린($C_6H_5NH_2$) - 제4류 위험물
• 아닐린은 제4류 위험물 중 제3석유류(비수용성)로 분류되고, 지정수량은 2,000L이다.
• 아닐린의 분자량: $(12 \times 6) + (1 \times 5) + 14 + (1 \times 2) = 93$g/mol (C 원자량: 12, H 원자량: 1, N 원자량: 14)

정답 (1) 제3석유류 (2) 2,000L (3) 93g

03

위험물안전관리법령상 간이탱크저장소에 대하여 다음 각 물음에 답하시오.

(1) 1개의 간이탱크저장소에 설치하는 간이저장탱크는 몇 이하로 하여야 하는지 쓰시오.
(2) 간이저장탱크의 용량은 몇 L 이하이어야 하는지 쓰시오.
(3) 간이저장탱크는 두께를 몇 mm 이상의 강판으로 하여야 하는지 쓰시오.

> **간이탱크저장소의 설치기준(위험물안전관리법 시행규칙 별표 9)**
> - 하나의 간이탱크저장소에 설치하는 간이저장탱크는 그 수를 3 이하로 하고, 동일한 품질의 위험물의 간이저장탱크를 2 이상 설치하지 아니하여야 한다.
> - 간이저장탱크의 용량은 600L 이하이어야 한다.
> - 간이저장탱크는 두께 3.2mm 이상의 강판으로 흠이 없도록 제작하여야 하며, 70kPa의 압력으로 10분간의 수압시험을 실시하여 새거나 변형되지 아니하여야 한다.

정답 (1) 3 (2) 600L (3) 3.2mm

04 빈출

탄화칼슘 1mol과 물 2mol이 반응할 때 생성되는 기체를 쓰고, 그 기체는 표준상태를 기준으로 몇 L가 생성되는지 쓰시오.

(1) 생성 기체
(2) 생성량(L)

> (1) 생성 기체
>   - 탄화칼슘과 물의 반응식: $CaC_2 + 2H_2O \rightarrow Ca(OH)_2 + C_2H_2$
>   - 탄화칼슘은 물과 반응하여 수산화칼슘과 아세틸렌을 생성한다.
> (2) 생성량(L)
>   - (1)의 반응식을 통해 탄화칼슘 1mol과 물 2mol이 반응하여 아세틸렌 1mol이 생성됨을 확인할 수 있다.
>   - 표준상태에서 1mol의 기체는 22.4L의 부피를 차지하므로 생성되는 아세틸렌의 부피는 1mol × 22.4L/mol = 22.4L이다.
>   (표준상태: 0℃, 1기압에서 1mol의 부피 22.4L)

정답 (1) 아세틸렌 (2) 22.4L

05

트라이나이트로톨루엔이 분해하여 일산화탄소, 탄소, 질소, 수소를 생성하는 화학반응식을 쓰시오.

> **트라이나이트로톨루엔의 분해반응식**
> - $2C_6H_2(NO_2)_3CH_3 \rightarrow 2C + 3N_2 + 5H_2 + 12CO$
> - 트라이나이트로톨루엔은 분해하여 탄소, 질소, 수소, 일산화탄소를 생성한다.

정답 $2C_6H_2(NO_2)_3CH_3 \rightarrow 2C + 3N_2 + 5H_2 + 12CO$

06

다음 위험물을 인화점이 낮은 것부터 높은 순으로 쓰시오.

> 나이트로벤젠, 아세트알데하이드, 에틸알코올, 아세트산

위험물	유별	품명	인화점(℃)
나이트로벤젠	제4류 위험물	제3석유류(비수용성)	88
아세트알데하이드	제4류 위험물	특수인화물	-38
에틸알코올	제4류 위험물	알코올류	13
아세트산	제4류 위험물	제2석유류(수용성)	40

정답 아세트알데하이드, 에틸알코올, 아세트산, 나이트로벤젠

07

다이에틸에터에 대하여 다음 물음에 답하시오.

(1) 화학식
(2) 증기비중
(3) 연소범위

> 다이에틸에터($C_2H_5OC_2H_5$) - 제4류 위험물
> - 다이에틸에터의 증기비중 = $\dfrac{(12 \times 2) + (1 \times 5) + 16 + (12 \times 2) + (1 \times 5)}{29}$ = 약 2.55 (C 원자량: 12, H 원자량: 1, O 원자량: 16)
> - 다이에틸에터와 같은 에터류는 공기 중에서 산소와 반응하여 시간이 지나면서 과산화물을 형성할 수 있는데, 과산화물은 폭발성이 매우 높으므로 안전한 처리를 위해 주기적으로 과산화물의 존재 여부를 확인해야 한다.
> - 다이에틸에터의 연소범위는 1.9 ~ 48%이다.

정답 (1) $C_2H_5OC_2H_5$ (2) 2.55 (3) 1.9 ~ 48%

08

위험물안전관리법령상 벽, 기둥, 바닥이 내화구조인 옥내저장소에 다음 물질을 저장할 경우 최소 보유공지를 쓰시오.

(1) 인화성 고체 12,000kg
(2) 질산 12,000kg
(3) 황 12,000kg

> 옥내저장소의 보유공지와 위험물별 지정수량
> - 옥내저장소 보유공지(위험물안전관리법 시행규칙 별표 5)
>
> | 위험물 최대수량 | 공지의 너비 | |
> |---|---|---|
> | | 벽, 기둥 및 바닥: 내화구조 | 그 밖의 건축물 |
> | 지정수량의 5배 이하 | - | 0.5m 이상 |
> | 지정수량의 5배 초과 10배 이하 | 1m 이상 | 1.5m 이상 |
> | 지정수량의 10배 초과 20배 이하 | 2m 이상 | 3m 이상 |
> | 지정수량의 20배 초과 50배 이하 | 3m 이상 | 5m 이상 |
> | 지정수량의 50배 초과 200배 이하 | 5m 이상 | 10m 이상 |
> | 지정수량의 200배 초과 | 10m 이상 | 15m 이상 |

- 위험물별 지정수량(위험물안전관리법 시행령 별표 1)

유별	위험물	지정수량
제2류 위험물	인화성 고체	1,000kg
제6류 위험물	질산	300kg
제2류 위험물	황	100kg

(1) 인화성 고체 = $\dfrac{12,000\text{kg}}{1,000\text{kg}}$ = 12배 → 2m 이상

(2) 질산 = $\dfrac{12,000\text{kg}}{300\text{kg}}$ = 40배 → 3m 이상

(3) 황 = $\dfrac{12,000\text{kg}}{100\text{kg}}$ = 120배 → 5m 이상

정답 (1) 2m (2) 3m (3) 5m

09 빈출

위험물안전관리법령상 위험물 운반용기 외부에 표시해야 하는 주의사항을 쓰시오.

(1) 알칼리금속의 과산화물
(2) 철분
(3) 자연발화성 물질
(4) 제4류 위험물
(5) 제6류 위험물

위험물 유별 운반용기 외부 주의사항과 게시판(위험물안전관리법 시행규칙 별표 4, 별표 19)

유별	종류	운반용기 외부 주의사항	게시판
제1류	알칼리금속의 과산화물	가연물접촉주의, 화기·충격주의, 물기엄금	물기엄금
	그 외	가연물접촉주의, 화기·충격주의	-
제2류	철분, 금속분, 마그네슘	화기주의, 물기엄금	화기주의
	인화성 고체	화기엄금	화기엄금
	그 외	화기주의	화기주의
제3류	자연발화성 물질	화기엄금, 공기접촉엄금	화기엄금
	금수성 물질	물기엄금	물기엄금
제4류	-	화기엄금	화기엄금
제5류	-	화기엄금, 충격주의	화기엄금
제6류	-	가연물접촉주의	-

정답 (1) 가연물접촉주의, 화기·충격주의, 물기엄금 (2) 화기주의, 물기엄금 (3) 화기엄금, 공기접촉엄금 (4) 화기엄금 (5) 가연물접촉주의

10

다음 위험물 중 위험물안전관리법령상 포 소화설비가 적응성이 없는 것을 모두 고르시오. (단, 모두 적응성이 있을 경우는 "해당 없음"이라 쓰시오.)

철분, 인화성 고체, 황린, 알킬알루미늄, TNT

위험물안전관리법령상 포 소화설비의 적응성이 없는 대상(위험물안전관리법 시행규칙 별표 17)
- 제1류 위험물 중 알칼리금속과산화물 등
- 제2류 위험물 중 철분, 금속분, 마그네슘 등
- 제3류 위험물 중 금수성 물품
- 전기설비

정답 철분, 알킬알루미늄

11 빈출

탄산수소나트륨에 대하여 다음 물음에 답하시오.

(1) 1차 분해반응식을 쓰시오.
(2) 표준상태에서 이산화탄소 200m³가 발생하였다면 탄산수소나트륨은 몇 kg가 분해한 것인지 구하시오.

(1) 1차 분해반응식
- $2NaHCO_3 \rightarrow Na_2CO_3 + H_2O + CO_2$
- 탄산수소나트륨은 열분해하여 탄산나트륨, 물, 이산화탄소를 생성한다.

(2) 분해한 탄산수소나트륨의 양(kg)
- 표준상태에서 1mol의 기체는 22.4L(= 0.0224m³)이므로 200m³의 이산화탄소의 몰수는 다음과 같다.
  (표준상태: 0℃, 1기압에서 1mol의 부피 22.4L)

  몰수 = $\dfrac{부피}{1몰(mol)의 부피}$ = $\dfrac{200m^3}{0.0224m^3/mol}$ = 8,928.57mol

- (1)의 반응식에서 1mol의 이산화탄소가 생성될 때 2mol의 탄산수소나트륨이 분해되는 것을 알 수 있다. 따라서 탄산수소나트륨의 몰수는 다음과 같다.
  탄산수소나트륨의 몰수 = 2 × 8,928.57mol = 17,857.14mol
- 탄산수소나트륨의 분자량은 23 + 1 + 12 + (16 × 3) = 84g/mol이다.
  (C 원자량: 12, H 원자량: 1, O 원자량: 16, Na 원자량: 23)
- 따라서 탄산수소나트륨의 질량은 다음과 같다.
  17,857.14mol × 84g/mol = 1,500,000g = 1,500kg

정답 (1) $2NaHCO_3 \rightarrow Na_2CO_3 + H_2O + CO_2$
(2) 1,500kg

12

인화점이 -11℃이고 겨울철에 응고할 수 있는 방향족 탄화수소인 위험물에 대하여 다음 물음에 답하시오.

(1) 명칭
(2) 분자량
(3) 완전연소반응식

> **벤젠(C_6H_6) - 제4류 위험물**
> - 벤젠은 대표적인 방향족 탄화수소로, 분자 구조에 6개의 탄소 원자가 고리 형태로 결합하고, 각 탄소에 수소가 하나씩 붙어 있다.
> - 벤젠은 인화점이 -11℃로 낮아 제4류 위험물로 분류되며, 겨울철에 응고될 가능성이 있다.
> - 벤젠의 분자량 = (12 × 6) + (1 × 6) = 78g/mol (C 원자량: 12, H 원자량: 1)
> - 벤젠의 완전연소반응식: $2C_6H_6 + 15O_2 \rightarrow 12CO_2 + 6H_2O$
> - 벤젠이 연소하면 이산화탄소와 물을 생성된다.

정답 (1) 벤젠 (2) 78g
(3) $2C_6H_6 + 15O_2 \rightarrow 12CO_2 + 6H_2O$

13

다음 괄호 안에 알맞은 말을 쓰시오.

> 지하저장탱크의 압력탱크 외의 탱크는 (①)kPa의 압력, 압력탱크는 최대사용압력의 (②)배 압력으로 각각 (③)분간 수압시험을 실시한다. 이 경우 수압시험은 (④)과 비파괴시험을 동시에 실시하는 방법으로 대신할 수 있다.

> **지하탱크저장소의 기준(위험물안전관리법 시행규칙 별표 8)**
> 지하저장탱크는 용량에 따라 다음 표에 정하는 기준에 적합하게 강철판 또는 동등 이상의 성능이 있는 금속재질로 완전용입용접 또는 양면겹침이음용접으로 틈이 없도록 만드는 동시에, 압력탱크(최대사용압력이 46.7kPa 이상인 탱크를 말한다) 외의 탱크에 있어서는 70kPa의 압력으로, 압력탱크에 있어서는 최대상용압력의 1.5배의 압력으로 각각 10분간 수압시험을 실시하여 새거나 변형되지 아니하여야 한다. 이 경우 수압시험은 소방청장이 정하여 고시하는 기밀시험과 비파괴시험을 동시에 실시하는 방법으로 대신할 수 있다.

정답 ① 70 ② 1.5 ③ 10 ④ 기밀시험

14 ✈빈출

다음 위험물의 지정수량 배수의 합을 구하시오.

- 메틸에틸케톤 400L
- 아세톤 1,200L
- 등유 2,000L

(1) 계산과정
(2) 답

위험물의 지정수량 배수의 합

- 위험물별 지정수량

위험물	품명	지정수량
메틸에틸케톤	제1석유류(비수용성)	200L
아세톤	제1석유류(수용성)	400L
등유	제2석유류(비수용성)	1,000L

- 지정수량 배수 = $\dfrac{\text{저장량}}{\text{지정수량}}$

- 지정수량 배수의 합 = $\dfrac{400L}{200L} + \dfrac{1,200L}{400L} + \dfrac{2,000L}{1,000L}$ = 7배

정답 (1) [해설참조] (2) 7배

15

제2류 위험물 중 지정수량이 500kg인 품명 3가지를 쓰시오.

제2류 위험물(가연성 고체)

등급	품명	지정수량(kg)	위험물	분자식
II	황화인	100	삼황화인	P_4S_3
			오황화인	P_2S_5
			칠황화인	P_4S_7
	적린		적린	P
	황		황	S
III	금속분	500	알루미늄분	Al
			아연분	Zn
			안티몬	Sb
	철분		철분	Fe
	마그네슘		마그네슘	Mg
	인화성 고체	1,000	고형알코올	-

정답 철분, 마그네슘, 금속분

16 ★빈출

다음 위험물의 구조식을 쓰시오.

(1) TNT
(2) 피크린산

구분	트라이나이트로톨루엔(TNT)	트라이나이트로페놀(피크린산)
구조식	(CH₃, O₂N, NO₂, NO₂ 벤젠 구조)	(OH, O₂N, NO₂, NO₂ 벤젠 구조)
분자식	$C_6H_2(NO_2)_3CH_3$	$C_6H_2(NO_2)_3OH$

정답
(1) TNT 구조식 (CH₃, 2,4,6-트라이나이트로톨루엔)
(2) 피크린산 구조식 (OH, 2,4,6-트라이나이트로페놀)

17

[보기]에서 설명하는 제2류 위험물에 대하여 다음 물음에 답하시오.

─────────[보기]─────────
- 제2족 원소이다.
- 은백색의 무른 경금속이다.
- 비중 1.74, 녹는점 650℃

(1) 연소반응식
(2) 물과의 반응식
(3) 포 소화설비에 대한 적응성

(1) 마그네슘의 연소반응식
- $2Mg + O_2 \rightarrow 2MgO$
- 마그네슘은 연소하여 산화마그네슘을 생성한다.
(2) 마그네슘과 물의 반응식
- $Mg + 2H_2O \rightarrow Mg(OH)_2 + H_2$
- 마그네슘은 물과 반응하여 수산화마그네슘과 수소를 발생한다.
(3) 마그네슘 화재에는 물이나 포 소화설비 대신 건조사, 마른 화학 분말 등의 소화방법을 사용한다.

정답 (1) $2Mg + O_2 \rightarrow 2MgO$
(2) $Mg + 2H_2O \rightarrow Mg(OH)_2 + H_2$
(3) 적응성 없음

18

다음 위험물을 옥외저장탱크 중 압력탱크 외의 탱크에 저장할 때의 온도를 쓰시오.

(1) 다이에틸에터
(2) 아세트알데하이드
(3) 산화프로필렌

위험물의 저장온도(위험물안전관리법 시행규칙 별표 18)

위험물 종류		옥외저장탱크, 옥내저장탱크, 지하저장탱크		이동저장탱크	
		압력탱크 외의 탱크	압력탱크	보냉장치 ×	보냉장치 ○
아세트알데하이드등	아세트알데하이드	15℃ 이하	40℃ 이하		비점 이하
	산화프로필렌	30℃ 이하			
다이에틸에터등		30℃ 이하			

정답 (1) 30℃ 이하 (2) 15℃ 이하 (3) 30℃ 이하

19

분자량이 158인 제1류 위험물로서 흑자색을 띠며 분해 시 산소를 발생하는 물질에 대하여 다음 물음에 답하시오.

(1) 품명
(2) 화학식
(3) 분해반응식

> **과망가니즈산칼륨($KMnO_4$) – 제1류 위험물**
> - 과망가니즈산칼륨은 제1류 위험물로 분류되는 강력한 산화제로 품명은 과망가니즈산염류이다. 이 물질은 특유의 흑자색(보라색)을 띠며, 고체 상태에서 분해하면 산소를 발생시킨다.
> - 과망가니즈산칼륨은 살균, 산화, 탈취 목적으로 주로 사용되며, 특히 수처리, 화학 합성 등에 사용된다.
> - 과망가니즈산칼륨의 분해반응식: $2KMnO_4 \rightarrow K_2MnO_4 + MnO_2 + O_2$
>   과망가니즈산칼륨은 분해하여 망가니즈산칼륨, 이산화망가니즈, 산소를 발생한다.

정답 (1) 과망가니즈산염류
(2) $KMnO_4$
(3) $2KMnO_4 \rightarrow K_2MnO_4 + MnO_2 + O_2$

20

표준상태에서 황 1kg이 연소할 때 필요한 공기의 부피(L)를 구하시오. (단, 공기 중 질소 79%, 산소 21%이다.)

> - 황의 연소반응식: $S + O_2 \rightarrow SO_2$
>   황은 연소하여 이산화황을 생성한다.
> - 산소의 부피를 구하기 위해 이상기체 방정식 $PV = \dfrac{wRT}{M}$ 를 사용한다.
> - 위의 반응식에서 황과 산소는 1 : 1의 비율로 반응하고, 이론산소량은 21%이기 때문에 다음과 같은 식이 된다.
> $V = \dfrac{wRT}{MP} = \dfrac{1,000g \times 0.082 \times 273K}{32 \times 1} \times \dfrac{1}{1} \times \dfrac{1}{0.21} = 3,331.25L$
>   – P: 압력(1atm)
>   – w: 질량(g) → 황(S)의 질량 = 1,000g
>   – M: 분자량 → 황(S)의 분자량 = 32g/mol
>   – V: 부피(L)
>   – n: 몰수(mol)
>   – R: 기체상수(0.082L · atm/mol · K)
>   – T: 절대온도(K, 절대온도로 변환하기 위해 273을 더한다) → 0 + 273 = 273K (표준상태: 0℃, 1기압에서 1mol의 부피 22.4L)

정답 3,331.25L

CHAPTER 09
2023 제3회 실기[필답형] 기출복원문제

01
다음 알코올류의 정의를 완성하여 쓰시오.

> 1분자를 구성하는 탄소원자의 수가 (①)개부터 (②)개까지인 포화1가 알코올(변성알코올 포함)을 말한다. 다만, 다음 중 어느 하나에 해당하는 것은 제외한다.
> - 1분자를 구성하는 탄소원자의 수가 1개 내지 3개의 포화1가 알코올의 함유량이 (③)중량% 미만인 수용액
> - 가연성 액체량이 (④)중량% 미만이고 인화점 및 연소점이 에틸알코올 (⑤)중량% 수용액의 인화점 및 연소점을 초과하는 것

알코올류의 정의(위험물안전관리법 시행령 별표 1)
알코올류라 함은 1분자를 구성하는 탄소원자의 수가 1개부터 3개까지인 포화1가 알코올(변성알코올을 포함한다)을 말한다. 다만, 아래에 해당하는 것은 제외한다.
- 1분자를 구성하는 탄소원자의 수가 1개 내지 3개의 포화1가 알코올의 함유량이 60중량퍼센트 미만인 수용액
- 가연성 액체량이 60중량퍼센트 미만이고 인화점 및 연소점이 에틸알코올 60중량퍼센트 수용액의 인화점 및 연소점을 초과하는 것

정답 ① 1 ② 3 ③ 60 ④ 60 ⑤ 60

02 ★빈출
다음 그림을 보고 탱크의 내용적을 구하시오. (단, 공간용적은 탱크 내용적의 100분의 5로 한다.)

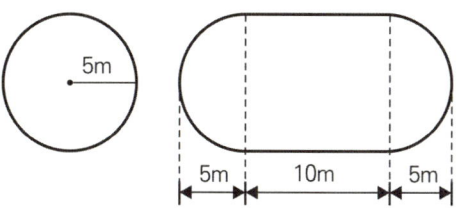

횡으로 설치한 원통형 탱크의 내용적

$V = \pi\gamma^2(l + \dfrac{l_1 + l_2}{3})(1 - 공간용적)$

$= 원의\ 면적 \times (가운데\ 체적길이 + \dfrac{양끝\ 체적길이\ 합}{3}) \times (1 - 공간용적)$

$= \pi \times 5^2 \times (10 + \dfrac{5+5}{3}) \times (1 - 0.05) = 994.84m^3$

정답 994.84m³

03

1몰의 탄화알루미늄이 물과 반응하는 반응식을 쓰시오.

탄화알루미늄과 물의 반응식
- $Al_4C_3 + 12H_2O \rightarrow 4Al(OH)_3 + 3CH_4$
- 탄화알루미늄은 물과 반응하여 수산화알루미늄과 메탄을 생성한다.

정답 $Al_4C_3 + 12H_2O \rightarrow 4Al(OH)_3 + 3CH_4$

04

BTX에 대하여 다음 물음에 답하시오.

(1) BTX가 무엇의 약자인지 해당 물질의 명칭을 쓰시오.
(2) BTX 중 T에 해당하는 물질의 구조식을 쓰시오.

(1) BTX는 벤젠(B, C_6H_6), 톨루엔(T, $C_6H_5CH_3$), 자일렌(X, C_8H_{10})의 앞 글자를 딴 것이다.
(2) 톨루엔($C_6H_5CH_3$)의 구조식은 다음과 같다.

정답 (1) B: 벤젠, T: 톨루엔, X: 자일렌   (2)

05 ★빈출

다음 분말 소화약제의 주성분의 화학식을 쓰시오.

(1) 제1종 분말 소화약제
(2) 제2종 분말 소화약제
(3) 제3종 분말 소화약제

분말 소화약제의 종류

소화약제	명칭	주성분	적응화재	소화효과
1종	탄산수소나트륨	$NaHCO_3$	BC	질식 · 억제 (부촉매)
2종	탄산수소칼륨	$KHCO_3$	BC	
3종	인산암모늄	$NH_4H_2PO_4$	ABC	
4종	탄산수소칼륨 + 요소	$KHCO_3 + (NH_2)_2CO$	BC	

정답 (1) $NaHCO_3$ (2) $KHCO_3$ (3) $NH_4H_2PO_4$

06

비중 0.8인 메틸알코올 50L를 0℃, 1기압에서 연소시킬 때 다음 물음에 답하시오.

(1) 연소반응식
(2) 필요한 산소의 부피(m^3)

(1) 메틸알코올의 연소반응식
- $2CH_3OH + 3O_2 \rightarrow 2CO_2 + 4H_2O$
- 메틸알코올은 연소하여 이산화탄소와 물을 생성한다.

(2) 필요한 산소의 부피(m^3)
- 메틸알코올의 비중이 0.8g/cm^3이고, 주어진 부피가 50L이므로, 메틸알코올의 총 질량은 다음과 같다.
  메틸알코올의 총 질량(g) = 비중(kg/L) × 부피(L) × 1,000 = 0.8 × 50 × 1,000 = 40,000g
- 메틸알코올(CH_3OH)의 분자량 = 12 + (1 × 4) + 16 = 32g/mol (C 원자량: 12, H 원자량: 1, O 원자량: 16)
- 메틸알코올의 총 몰수 = $\dfrac{질량(g)}{몰질량(g/mol)}$ = $\dfrac{40,000}{32}$ = 1,250mol
- (1)에 나온 메틸알코올의 연소반응식을 통해 2mol의 메틸알코올이 3mol의 산소와 반응함을 알 수 있다.
- 메틸알코올 1,250mol을 연소하기 위해 필요한 이론 산소의 몰수는 다음과 같다.
  산소의 몰수 = $\dfrac{3}{2}$ × 1,250 = 1,875mol
- 따라서 표준상태에서 필요한 산소의 부피 = 1,875mol × 22.4L/mol = 42,000L = 42.0m^3 (표준상태: 0℃, 1기압에서 1mol의 부피 22.4L)

정답 (1) $2CH_3OH + 3O_2 \rightarrow 2CO_2 + 4H_2O$
(2) 42.0m^3

07

다음 위험물의 위험등급을 구분하여 쓰시오. (단, 없으면 "해당 없음"이라 쓰시오.)

> 아염소산염류, 염소산염류, 과염소산염류, 질산에스터류, 황화인, 황, 적린

(1) 위험등급 Ⅰ
(2) 위험등급 Ⅱ
(3) 위험등급 Ⅲ

제1류 위험물(산화성 고체)

등급	Ⅰ	Ⅱ	Ⅲ
품명	아염소산염류 염소산염류 과염소산염류 무기과산화물	브로민산염류 질산염류 아이오딘산염류	과망가니즈산염류 다이크로뮴산염류

제2류 위험물(가연성 고체)

등급	Ⅱ	Ⅲ
품명	황화인 적린 황	금속분 철분 마그네슘 인화성 고체

제5류 위험물(자기반응성 물질)

등급	Ⅰ	Ⅱ
품명	질산에스터류 유기과산화물	하이드록실아민 하이드록실아민염류 나이트로화합물 나이트로소화합물 아조화합물 다이아조화합물 하이드라진유도체 질산구아니딘

정답 (1) 아염소산염류, 염소산염류, 과염소산염류, 질산에스터류 (2) 황화인, 황, 적린 (3) 해당 없음

08 ★빈출

다음 위험물을 수납한 운반용기의 외부에 표시해야 하는 주의사항을 모두 쓰시오. (단, 원칙적인 경우에 한한다.)

(1) 제4류 위험물
(2) 제5류 위험물
(3) 제6류 위험물

위험물 유별 운반용기 외부 주의사항과 게시판(위험물안전관리법 시행규칙 별표 4, 별표 19)

유별	종류	운반용기 외부 주의사항	게시판
제1류	알칼리금속의 과산화물	가연물접촉주의, 화기·충격주의, 물기엄금	물기엄금
	그 외	가연물접촉주의, 화기·충격주의	-
제2류	철분, 금속분, 마그네슘	화기주의, 물기엄금	화기주의
	인화성 고체	화기엄금	화기엄금
	그 외	화기주의	화기주의
제3류	자연발화성 물질	화기엄금, 공기접촉엄금	화기엄금
	금수성 물질	물기엄금	물기엄금
제4류	-	화기엄금	화기엄금
제5류	-	화기엄금, 충격주의	화기엄금
제6류	-	가연물접촉주의	-

정답 (1) 화기엄금 (2) 화기엄금 및 충격주의 (3) 가연물접촉주의

09

위험물안전관리법령상 제4류 위험물을 운송할 때 위험물안전카드를 휴대해야 하는 위험물 품명 2가지를 쓰시오.

위험물 운송책임자의 감독 또는 지원의 방법과 위험물의 운송시에 준수하여야 하는 사항(위험물안전관리법 시행규칙 별표 21)
위험물(제4류 위험물에 있어서는 특수인화물 및 제1석유류에 한한다)을 운송하게 하는 자는 위험물안전카드를 위험물운송자로 하여금 휴대하게 해야 한다.

정답 특수인화물, 제1석유류

10 빈출

산화프로필렌 200L, 벤즈알데하이드 1,000L, 아크릴산 4,000L를 저장하고 있을 경우 각각의 지정수량 배수의 합계는 얼마인지 구하시오.

(1) 계산과정
(2) 답

- 위험물별 지정수량

위험물	품명	지정수량
산화프로필렌	특수인화물	50L
벤즈알데하이드	제2석유류(비수용성)	1,000L
아크릴산	제2석유류(수용성)	2,000L

- 지정수량 배수 = $\dfrac{\text{저장량}}{\text{지정수량}}$

- 지정수량 배수의 합계 = $\dfrac{200L}{50L} + \dfrac{1,000L}{1,000L} + \dfrac{4,000L}{2,000L} = 7$배

정답 (1) [해설참조] (2) 7배

11

다음 [보기]의 제4류 위험물을 발화점이 낮은 것부터 높은 순서대로 쓰시오.

――――――――[보기]――――――――
이황화탄소, 휘발유, 아세톤, 아세트알데하이드

위험물	품명	발화점(°C)
이황화탄소	특수인화물	90
휘발유	제1석유류(비수용성)	280 ~ 456
아세톤	제1석유류(수용성)	465
아세트알데하이드	특수인화물	약 175

정답 이황화탄소, 아세트알데하이드, 휘발유, 아세톤

12 빈출

운반 시 다음 위험물과 혼재할 수 없는 위험물의 유별을 모두 쓰시오. (단, 지정수량의 10배 이상이다.)

(1) 제1류 위험물
(2) 제2류 위험물
(3) 제3류 위험물

유별을 달리하는 위험물 혼재기준(지정수량 1/10배 초과)(위험물안전관리법 시행규칙 별표 19)

1	6		혼재 가능
2	5	4	혼재 가능
3	4		혼재 가능

정답
(1) 제2류 위험물, 제3류 위험물, 제4류 위험물, 제5류 위험물
(2) 제1류 위험물, 제3류 위험물, 제6류 위험물
(3) 제1류 위험물, 제2류 위험물, 제5류 위험물, 제6류 위험물

13 빈출

아연분에 대하여 다음 각 물음에 답하시오.

(1) 공기 중 수분에 의한 화학반응식을 쓰시오.
(2) 염산과 반응할 경우 발생 기체는 무엇인지 쓰시오.

(1) 아연과 물의 반응식
 • $Zn + 2H_2O \rightarrow Zn(OH)_2 + H_2$
 • 아연은 물과 반응하여 수산화아연과 수소를 생성한다.
(2) 아연과 염산의 반응식
 • $Zn + 2HCl \rightarrow ZnCl_2 + H_2$
 • 아연은 염산과 반응하여 염화아연과 수소를 생성한다.

정답 (1) $Zn + 2H_2O \rightarrow Zn(OH)_2 + H_2$ (2) 수소(H_2)

14

다음 위험물의 연소반응식을 쓰시오.

(1) 삼황화인
(2) 오황화인

> (1) 삼황화인의 연소반응식
>   - $P_4S_3 + 8O_2 \rightarrow 2P_2O_5 + 3SO_2$
>   - 삼황화인은 연소하여 오산화인과 이산화황을 생성한다.
> (2) 오황화인의 연소반응식
>   - $2P_2S_5 + 15O_2 \rightarrow 2P_2O_5 + 10SO_2$
>   - 오황화인은 연소하여 오산화인과 이산화황을 생성한다.

정답 (1) $P_4S_3 + 8O_2 \rightarrow 2P_2O_5 + 3SO_2$
(2) $2P_2S_5 + 15O_2 \rightarrow 2P_2O_5 + 10SO_2$

15

다음 위험물에서 산의 세기가 작은 것부터 큰 순서대로 번호를 쓰시오.

① $HClO$ ② $HClO_2$ ③ $HClO_3$ ④ $HClO_4$

> 산의 세기는 해당 산의 분자의 산소 원자 수와 관련이 있다. 일반적으로 같은 계열의 산에서 산소 원자가 많을수록 산의 세기가 더 강해진다.

정답 ① < ② < ③ < ④

16

휘발유를 저장하는 옥외탱크저장소에 대하여 다음 물음에 답하시오.

(1) 하나의 방유제 내에 설치할 수 있는 탱크의 개수를 쓰시오.
(2) 방유제의 높이를 쓰시오.
(3) 하나의 방유제 내의 면적은 몇 m² 이하로 하는지 쓰시오.

> **방유제의 설치기준(위험물안전관리법 시행규칙 별표 6)**
> 제3류, 제4류 및 제5류 위험물 중 인화성이 있는 액체(이황화탄소를 제외한다)의 옥외탱크저장소의 탱크 주위에는 다음의 기준에 의하여 방유제를 설치하여야 한다.
> - 방유제는 높이 0.5m 이상 3m 이하, 두께 0.2m 이상, 지하매설깊이 1m 이상으로 할 것
> - 방유제 내의 면적은 8만m² 이하로 할 것
> - 방유제 내의 설치하는 옥외저장탱크의 수는 10(방유제 내에 설치하는 모든 옥외저장탱크의 용량이 20만L 이하이고, 당해 옥외저장탱크에 저장 또는 취급하는 위험물의 인화점이 70℃ 이상 200℃ 미만인 경우에는 20) 이하로 할 것

정답 (1) 10 이하
(2) 0.5m 이상 3m 이하
(3) 8만m² 이하

17

불연성 물질 10wt%와 탄소 90wt%가 함유된 물질 1kg이 연소할 때 필요한 산소의 부피를 구하시오. (단, 표준상태를 기준으로 한다.)

> - 탄소의 연소반응식: $C + O_2 \rightarrow CO_2$
>   탄소와 산소가 반응하면 이산화탄소가 생성된다.
> - 이상기체 방정식으로 산소의 부피를 구하기 위해 $PV = \dfrac{wRT}{M}$의 식을 사용한다.
> - 위의 반응식에서 탄소와 산소는 1 : 1의 비율로 반응하므로 다음과 같은 식이 된다.
>
> $V = \dfrac{wRT}{MP} = \dfrac{900g \times 0.082 \times 273K}{12g/mol \times 1} \times \dfrac{1}{1} = 1,678.95L$
>
>   - P: 압력(1atm)
>   - w: 질량(g) → 1 × 0.9 = 0.9kg = 900g
>   - M: 분자량 → 탄소(C)의 분자량 = 12g/mol
>   - V: 부피(L)
>   - n: 몰수(mol)
>   - R: 기체상수(0.082L · atm/mol · K)
>   - T: 온도(K, 절대온도로 변환하기 위해 273을 더한다) → 0 + 273 = 273K
>   - 표준상태: 0℃, 1기압에서 1mol의 부피 22.4L

정답 1,678.95L

18

아세트알데하이드에 대하여 다음 물음에 답하시오.

(1) 지정수량
(2) 품명
(3) 다음 설명 중 옳은 것을 모두 고르시오.
　① 에틸알코올의 산화과정에서 생성된다.
　② 무색투명한 액체로 자극적인 냄새가 난다.
　③ 구리, 은, 마그네슘 용기에 저장한다.
　④ 물, 에터, 에틸알코올에 잘 녹고 고무를 녹인다.
(4) 보냉장치가 없는 이동저장탱크에 저장하는 경우 (　)℃ 이하로 유지할 것

아세트알데하이드 - 제4류 위험물
- 아세트알데하이드는 제4류 위험물 중 특수인화물로 지정수량은 50L이다.
- 아세트알데하이드는 에틸알코올의 산화과정에서 중간 산화 생성물로 생성된다. 즉, 에틸알코올이 산화되면 아세트알데하이드가 생성되고, 추가 산화하면 아세트산이 생성된다.
- 아세트알데하이드는 무색의 투명한 액체로 강하고 자극적인 냄새가 특징이다.
- 아세트알데하이드는 구리, 은, 수은, 마그네슘 등으로 만든 용기에 저장하지 않는다.
- 아세트알데하이드는 물, 에터, 에틸알코올에 잘 녹으며, 고무와 반응하여 고무를 녹일 수 있다.
- 아세트알데하이드등의 저장기준(위험물안전관리법 시행규칙 별표 18)

보냉장치가 있는 경우	보냉장치가 없는 경우
이동저장탱크에 저장하는 아세트알데하이드등의 온도는 당해 위험물의 비점 이하로 유지할 것	이동저장탱크에 저장하는 아세트알데하이드등의 온도는 40℃ 이하로 유지할 것

정답 (1) 50L　(2) 특수인화물　(3) ①, ②, ④　(4) 40

19

다음 [보기]를 보고 물음에 해당하는 위험물의 화학식을 쓰시오.

―――――――――――――[보기]―――――――――――――
질산암모늄, 질산칼륨, 과산화나트륨, 삼산화크로뮴, 염소산칼륨

(1) 물 또는 이산화탄소와 반응하는 위험물
(2) 흡습성이 있고 분해 시 흡열반응을 하는 위험물
(3) 비중 2.32로 이산화망가니즈를 촉매로 하여 가열하면 산소를 발생시키는 위험물

> (1) 과산화나트륨(Na_2O_2)은 물과 반응하여 수산화나트륨과 산소를 생성하며, 이산화탄소와 반응하여 산소를 방출한다.
> (2) 질산암모늄(NH_4NO_3)은 흡습성이 강하고, 가열 시 분해되며 흡열 반응을 일으킨다. 또한, 온도에 민감하며, 폭발성이 있다.
> (3) 염소산칼륨($KClO_3$)은 비중이 약 2.32이며, 이산화망가니즈(MnO_2) 촉매하에서 가열하면 산소를 방출한다.

정답 (1) Na_2O_2 (2) NH_4NO_3 (3) $KClO_3$

20

다음 위험물의 지정수량을 쓰시오.

(1) $C_2H_5OC_2H_5$
(2) $(CH_3)_2CHNH_2$
(3) 동식물유류

> (1) 다이에틸에터($C_2H_5OC_2H_5$)의 지정수량: 50L
> (2) 이소프로필아민($(CH_3)_2CHNH_2$)의 지정수량: 50L
> (3) 동식물유류의 지정수량: 10,000L

정답 (1) 50L (2) 50L (3) 10,000L

CHAPTER 10
2023 제2회 실기[필답형] 기출복원문제

01

위험물안전관리법령상 이동저장탱크의 구조에 대하여 빈칸에 들어갈 알맞은 말을 쓰시오.

> - 이동저장탱크는 그 내부에 (①)L 이하마다 (②)mm 이상의 강철판 또는 이와 동등 이상의 강도·내열성 및 내식성이 있는 금속성의 것으로 칸막이를 설치하여야 한다. 다만, 고체인 위험물을 저장하거나 고체인 위험물을 가열하여 액체 상태로 저장하는 경우에는 그러하지 아니하다.
> - 다음의 규정에 의한 칸막이로 구획된 각 부분마다 맨홀과 다음의 기준에 의한 안전장치 및 방파판을 설치하여야 한다. 다만, 칸막이로 구획된 부분의 용량이 (③)L 미만인 부분에는 방파판을 설치하지 아니할 수 있다.
>   - 안전장치
>   상용압력이 20kPa 이하인 탱크에 있어서는 20kPa 이상 (④)kPa 이하의 압력에서, 상용압력이 20kPa를 초과하는 탱크에 있어서는 상용압력의 (⑤)배 이하의 압력에서 작동하는 것으로 할 것

이동저장탱크의 구조(위험물안전관리법 시행규칙 별표 10)
- 이동저장탱크는 그 내부에 4,000L 이하마다 3.2mm 이상의 강철판 또는 이와 동등 이상의 강도·내열성 및 내식성이 있는 금속성의 것으로 칸막이를 설치하여야 한다. 다만, 고체인 위험물을 저장하거나 고체인 위험물을 가열하여 액체 상태로 저장하는 경우에는 그러하지 아니하다.
- 다음의 규정에 의한 칸막이로 구획된 각 부분마다 맨홀과 다음의 기준에 의한 안전장치 및 방파판을 설치하여야 한다. 다만, 칸막이로 구획된 부분의 용량이 2,000L 미만인 부분에는 방파판을 설치하지 아니할 수 있다.
  - 안전장치
    상용압력이 20kPa 이하인 탱크에 있어서는 20kPa 이상 24kPa 이하의 압력에서, 상용압력이 20kPa를 초과하는 탱크에 있어서는 상용압력의 1.1배 이하의 압력에서 작동하는 것으로 할 것

정답 ① 4,000 ② 3.2 ③ 2,000 ④ 24 ⑤ 1.1

02

위험물안전관리법령상 위험물의 운반에 관한 기준에 따르면 적재하는 위험물의 성질에 따라 일광의 직사 또는 빗물의 침투를 방지하기 위해 유효하게 피복하는 등 기준에 따른 조치를 하여야 한다. 다음 위험물에는 어떠한 조치를 하여야 하는지 물음에 답하시오.

(1) 제5류 위험물은 어떤 피복으로 가려야 하는지 쓰시오.
(2) 제6류 위험물은 어떤 피복으로 가려야 하는지 쓰시오.
(3) 제2류 위험물 중 철분은 어떤 피복으로 덮어야 하는지 쓰시오.

위험물별 피복 유형(위험물안전관리법 시행규칙 별표 19)

위험물	종류	피복
제1류	알칼리금속의 과산화물	방수성, 차광성
	그 외	차광성
제2류	철분, 금속분, 마그네슘	방수성
제3류	자연발화성 물질	차광성
	금수성 물질	방수성
제4류	특수인화물	차광성
제5류	-	차광성
제6류		차광성

정답 (1) 차광성 있는 피복 (2) 차광성 있는 피복 (3) 방수성 있는 피복

03 ★빈출

제2종 분말 소화약제인 탄산수소칼륨($KHCO_3$) 200kg이 약 190℃에서 열분해되었을 때 분해반응식을 쓰고, 탄산수소칼륨이 분해할 때 발생하는 탄산가스(CO_2)의 부피를 구하시오. (단, 1기압, 200℃ 기준이며, 칼륨의 원자량은 39이다.)

(1) 열분해반응식
(2) 탄산가스 부피(m^3)

(1) 탄산수소칼륨의 열분해반응식
  • $2KHCO_3 \rightarrow H_2O + CO_2 + K_2CO_3$
  • 탄산수소칼륨은 열분해되어 물, 탄산가스, 탄산칼륨을 발생한다.
(2) 탄산가스(CO_2)의 부피

이상기체 방정식($PV = \dfrac{wRT}{M}$)을 이용하여 탄산가스의 부피를 구한다.

$V = \dfrac{wRT}{M \times P} = \dfrac{200,000 \times 0.082 \times 473}{100 \times 1} \times \dfrac{1}{2} = 38,760L = 38,760,000cm^3 = 38.79m^3$

- P: 압력(1atm)
- w: 질량(kg) → 200kg = 200 × 1,000 = 200,000g
- M: 분자량 → 탄산수소칼륨($KHCO_3$)의 분자량 = 39 + 1 + 12 + (16 × 3) = 100g/mol
    (K 원자량: 39, H 원자량: 1, C 원자량: 12, O 원자량: 16)
- n: 몰수(mol)
- R: 기체상수(0.082L·atm/mol·K)
- T: 절대온도(K, 절대온도로 변환하기 위해 273을 더한다) → 200 + 273 = 473K

정답 (1) $2KHCO_3 \rightarrow H_2O + CO_2 + K_2CO_3$
(2) $38.79m^3$

04 ⭐빈출

톨루엔 9.2g을 완전연소시키는 데 필요한 공기는 몇 L인지 구하시오. (단, 0℃, 1기압을 기준으로 하며 공기 중 산소는 21vol%이다.)

(1) 계산과정

(2) 답

- 톨루엔의 연소반응식: $C_6H_5CH_3 + 9O_2 \rightarrow 7CO_2 + 4H_2O$
  톨루엔은 연소하여 이산화탄소와 물을 생성한다.
- 톨루엔($C_6H_5CH_3$)의 분자량 = $(12 \times 6) + (1 \times 5) + 12 + (1 \times 3) = 92$g/mol (C 원자량: 12, H 원자량: 1)
- 톨루엔 9.2g에 해당하는 몰수 = $\dfrac{질량}{몰질량} = \dfrac{9.2}{92} = 0.1$mol
- 톨루엔과 산소는 1 : 9의 반응비로 반응하기 때문에 이를 다음과 같이 나타낼 수 있다.

  톨루엔 0.1mol 연소에 필요한 산소의 몰수: $0.1\text{mol} \times \dfrac{9}{1} = 0.9$mol
- 0℃, 1기압에서 1mol의 기체는 22.4L의 부피를 차지하므로 산소의 부피 = $0.9 \times 22.4\text{L} = 20.16$L
- 공기 중 산소는 21%이므로 필요한 공기의 부피는 다음과 같다.

  $\dfrac{20.16\text{L}}{0.21} = 96$L

정답 (1) [해설참조] (2) 96L

05 ⭐빈출

다음 중 불건성유를 모두 선택하여 쓰시오. (단, 해당하는 물질이 없으면 "없음"이라 쓰시오.)

| 야자유, 아마인유, 해바라기유, 피마자유, 올리브유 |

동식물유류 구분

구분	아이오딘 값	종류
건성유	130 이상	대구유, 정어리유, 상어유, 해바라기유, 동유, 아마인유, 들기름
반건성유	100 초과 130 미만	면실유, 청어유, 쌀겨유, 옥수수유, 채종유, 참기름, 콩기름
불건성유	100 이하	소기름, 돼지기름, 고래기름, 올리브유, 팜유, 땅콩기름, 피마자유, 야자유

정답 야자유, 피마자유, 올리브유

06

다음 괄호 안에 알맞은 말을 쓰시오.

> 지하저장탱크의 압력탱크 외의 탱크는 (①)kPa의 압력, 압력탱크는 최대사용압력의 (②)배 압력으로 각각 (③)분간 수압시험을 실시한다. 이 경우 수압시험은 (④)과 비파괴시험을 동시에 실시하는 방법으로 대신할 수 있다.

지하탱크저장소의 기준(위험물안전관리법 시행규칙 별표 8)
지하저장탱크는 용량에 따라 기준에 적합하게 강철판 또는 동등 이상의 성능이 있는 금속재질로 완전용입용접 또는 양면겹침이음용접으로 틈이 없도록 만드는 동시에, 압력탱크(최대상용압력이 46.7kPa 이상인 탱크를 말한다) 외의 탱크에 있어서는 70kPa의 압력으로, 압력탱크에 있어서는 최대상용압력의 1.5배의 압력으로 각각 10분간 수압시험을 실시하여 새거나 변형되지 아니하여야 한다. 이 경우 수압시험은 소방청장이 정하여 고시하는 기밀시험과 비파괴시험을 동시에 실시하는 방법으로 대신할 수 있다.

정답 ① 70 ② 1.5 ③ 10 ④ 기밀시험

07 빈출

탄화칼슘 1mol과 물 2mol이 반응할 때 생성되는 기체를 쓰고, 그 기체는 표준상태를 기준으로 몇 L가 생성되는지 쓰시오.
(1) 생성 기체
(2) 생성량(L)

(1) 생성 기체
- 탄화칼슘과 물의 반응식: $CaC_2 + 2H_2O \rightarrow Ca(OH)_2 + C_2H_2$
- 탄화칼슘은 물과 반응하여 수산화칼슘과 아세틸렌을 생성한다.

(2) 생성량(L)
- (1)의 반응식을 통해 탄화칼슘 1mol과 물 2mol이 반응하여 아세틸렌 1mol이 생성됨을 확인할 수 있다.
- 표준상태에서 1mol의 기체는 22.4L의 부피를 차지하므로 생성되는 아세틸렌의 부피는 1mol × 22.4L/mol = 22.4L이다.
  (표준상태: 0℃, 1기압에서 1mol의 부피 22.4L)

정답 (1) 아세틸렌 (2) 22.4L

08

비중 1.45인 질산 80wt% 1L에 대하여 다음 물음에 답하시오.

(1) 질산의 질량(g)을 구하시오.
(2) 10wt% 질산 수용액을 만들 때 추가하여야 하는 물의 양(g)을 구하시오.

> (1) 질산의 질량(g)
> - 1,000mL(1L = 1,000mL)의 질산 수용액의 질량 = 1.45g/mL × 1,000mL = 1,450g
> - 질산의 질량(80wt%) = 1,450g × 0.80 = 1,160g
>
> (2) 추가하여야 하는 물의 양(g)
> - 10wt%라는 것은 용액에서 질산이 전체 질량의 10%를 차지한다는 뜻이다.
> - $10\% = \dfrac{\text{질산의 질량}}{\text{전체 용액의 질량}} = \dfrac{1,160g}{x}$ 이므로, 전체 용액의 질량은 11,600g이 된다.
> - 따라서 추가해야 할 물의 질량은 다음과 같다.
>   11,600g − 1,450g = 10,150g

정답 (1) 1,160g (2) 10,150g

09

다음 물질의 시성식을 쓰시오.

(1) 질산메틸
(2) 트라이나이트로톨로엔(TNT)
(3) 나이트로글리세린

위험물	유별	품명	시성식
질산메틸	제5류 위험물	질산에스터류	CH_3ONO_2
트라이나이트로톨루엔(TNT)	제5류 위험물	나이트로화합물	$C_6H_2(NO_2)_3CH_3$
나이트로글리세린	제5류 위험물	질산에스터류	$C_3H_5(ONO_2)_3$

정답 (1) CH_3ONO_2
(2) $C_6H_2(NO_2)_3CH_3$
(3) $C_3H_5(ONO_2)_3$

10

다음 표의 위험물에 대하여 빈칸을 채우시오.

물질명	시성식	품명
에틸알코올	(①)	(②)
에틸렌글리콜	(③)	(④)
글리세린	(⑤)	(⑥)

물질명	시성식	품명
에틸알코올	C_2H_5OH	알코올류
에틸렌글리콜	$C_2H_4(OH)_2$	제3석유류(수용성)
글리세린	$C_3H_5(OH)_3$	제3석유류(수용성)

정답 ① C_2H_5OH ② 알코올류 ③ $C_2H_4(OH)_2$ ④ 제3석유류 ⑤ $C_3H_5(OH)_3$ ⑥ 제3석유류

11

옥내저장소에 황린을 저장할 때 다음 빈칸에 알맞은 말을 쓰시오.

(1) 바닥면적은 (①)m² 이하로 하여야 한다.
(2) 1m 간격을 두고 함께 저장할 수 있는 위험물은 제(②)류 위험물이다.
(3) 위험등급은 (③)이다.

(1) 옥내저장소의 저장 시 바닥면적 기준(위험물안전관리법 시행규칙 별표 5)
  하나의 저장창고의 바닥면적(2 이상의 구획된 실이 있는 경우에는 각 실의 바닥면적의 합계)은 다음의 구분에 의한 면적 이하로 하여야 한다. 이 경우 ①의 위험물과 ②의 위험물을 같은 저장창고에 저장하는 때에는 ①의 위험물을 저장하는 것으로 보아 그에 따른 바닥면적을 적용한다.
  ① 다음의 위험물을 저장하는 창고: 1,000m²
   • 제1류 위험물 중 아염소산염류, 염소산염류, 과염소산염류, 무기과산화물 그 밖에 지정수량이 50kg인 위험물
   • 제3류 위험물 중 칼륨, 나트륨, 알킬알루미늄, 알킬리튬 그 밖에 지정수량이 10kg인 위험물 및 황린
   • 제4류 위험물 중 특수인화물, 제1석유류 및 알코올류
   • 제5류 위험물 중 유기과산화물, 질산에스터류 그 밖에 지정수량이 10kg인 위험물
   • 제6류 위험물
  ② ①의 위험물 외의 위험물을 저장하는 창고: 2,000m²
  ③ ①의 위험물과 ②의 위험물을 내화구조의 격벽으로 완전히 구획된 실에 각각 저장하는 창고: 1,500m²(①의 위험물을 저장하는 실의 면적은 500m²를 초과할 수 없다)

(2) 제조소등에서의 위험물의 저장 및 취급에 관한 기준(위험물안전관리법 시행규칙 별표 18)
1m 이상 간격일 때 저장 가능한 경우는 다음과 같다.
- 제1류 위험물(알칼리금속의 과산화물 또는 이를 함유한 것 제외)과 제5류 위험물
- 제1류 위험물과 제6류 위험물
- 제1류 위험물과 제3류 위험물 중 자연발화성 물질(황린 또는 이를 함유한 것)
- 제2류 위험물 중 인화성 고체와 제4류 위험물
- 제3류 위험물 중 알킬알루미늄등과 제4류 위험물(알킬알루미늄 또는 알킬리튬을 함유한 것)
- 제4류 위험물 중 유기과산화물 또는 이를 함유한 것과 제5류 위험물 중 유기과산화물 또는 이를 함유한 것

(3) 황린의 위험등급은 Ⅰ이다.

정답 ① 1,000 ② 1 ③ Ⅰ

12

다음 제1류 위험물의 지정수량을 각각 쓰시오.

(1) $K_2Cr_2O_7$
(2) K_2O_2
(3) $KMnO_4$
(4) $KClO_3$
(5) KNO_3

제1류 위험물(산화성 고체)

위험물	분자식	품명	지정수량
다이크로뮴산칼륨	$K_2Cr_2O_7$	다이크로뮴산염류	1,000kg
과산화칼륨	K_2O_2	무기과산화물	50kg
과망가니즈산칼륨	$KMnO_4$	과망가니즈산염류	1,000kg
염소산칼륨	$KClO_3$	염소산염류	50kg
질산칼륨	KNO_3	질산염류	300kg

정답 (1) 1,000kg (2) 50kg (3) 1,000kg (4) 50kg (5) 300kg

13

다음 설명하는 제4류 위험물에 대하여 명칭, 화학식, 지정수량, 품명, 위험등급을 쓰시오.

- 분자량 76, 발화점 90℃, 증기비중 약 2.62이다.
- 물에 용해되지 않고 비중 1.26으로 물보다 무거워 콘크리트 수조에 넣어 보관한다.

(1) 명칭
(2) 화학식
(3) 지정수량
(4) 품명
(5) 위험등급

이황화탄소(CS_2) - 제4류 위험물
- 이황화탄소는 발화점이 90℃로 낮아 특수인화물로 분류되고, 지정수량은 50L이며, 위험등급은 I이다.
- 이황화탄소(CS_2)의 분자량 = 12 + (32 × 2) = 76g/mol (C 원자량: 12, S 원자량: 32)

정답 (1) 이황화탄소 (2) CS_2 (3) 50L (4) 특수인화물 (5) I

14

다음 위험물을 인화점이 낮은 것부터 높은 순서대로 쓰시오.

아세트산, 아세톤, 에틸알코올, 나이트로벤젠

위험물	품명	인화점(℃)
아세트산	제2석유류(수용성)	40
아세톤	제1석유류(수용성)	-18
에틸알코올	알코올류	13
나이트로벤젠	제3석유류(비수용성)	88

정답 아세톤, 에틸알코올, 아세트산, 나이트로벤젠

15 빈출

제2류 위험물과 운반 시 혼재할 수 없는 유별을 모두 쓰시오. (단, 지정수량의 1/10을 초과하여 운반하는 경우이다.)

유별을 달리하는 위험물 혼재기준(지정수량 1/10배 초과)(위험물안전관리법 시행규칙 별표 19)

1	6		혼재 가능
2	5	4	혼재 가능
3	4		혼재 가능

정답 제1류 위험물, 제3류 위험물, 제6류 위험물

16

다음에서 설명하는 위험물에 대하여 물음에 답하시오.

- 제4류 위험물 중 지정수량이 2,000L이다.
- 분자량 60, 비중 1.06, 녹는점 16.2℃
- 알칼리금속의 과산화물, 산화제와의 접촉을 피하여야 한다.

(1) 연소 시 생성되는 물질 2가지의 화학식
(2) Zn과 반응 시 화학반응식
(3) 수용성 여부

아세트산(CH_3COOH) – 제4류 위험물(제2석유류)
(1) 아세트산의 연소반응식
  - $CH_3COOH + 2O_2 \rightarrow 2CO_2 + 2H_2O$
  - 아세트산은 연소하여 이산화탄소와 물을 생성한다.
(2) 아세트산과 아연의 반응식
  - $2CH_3COOH + Zn \rightarrow (CH_3COO)_2Zn + H_2$
  - 아세트산은 아연과 반응하여 아세트산아연과 수소를 생성한다.
(3) 아세트산은 물에 잘 녹는 성질을 가지고 있어 수용성이다.

정답 (1) 이산화탄소(CO_2), 물(H_2O)
(2) $2CH_3COOH + Zn \rightarrow (CH_3COO)_2Zn + H_2$
(3) 수용성

17

아세트알데하이드의 완전연소반응식을 쓰시오.

아세트알데하이드(CH_3CHO)의 완전연소반응식
- $2CH_3CHO + 5O_2 \rightarrow 4CO_2 + 4H_2O$
- 아세트알데하이드는 완전연소하여 이산화탄소와 물을 생성한다.

정답 $2CH_3CHO + 5O_2 \rightarrow 4CO_2 + 4H_2O$

18

아연분에 대하여 다음 각 물음에 답하시오.

(1) 공기 중 수분에 의한 화학반응식을 쓰시오.
(2) 염산과 반응할 경우 발생하는 기체는 무엇인지 쓰시오.

(1) 아연과 물의 반응식
- $Zn + 2H_2O \rightarrow Zn(OH)_2 + H_2$
- 아연은 물과 반응하여 수산화아연과 수소를 발생한다.

(2) 아연과 염산의 반응식
- $Zn + 2HCl \rightarrow ZnCl_2 + H_2$
- 아연은 염산과 반응하여 염화아연과 수소를 발생한다.

정답 (1) $Zn + 2H_2O \rightarrow Zn(OH)_2 + H_2$ (2) 수소(H_2)

19 ✈빈출

다음과 같은 원통형 탱크의 내용적(m³)을 구하시오.

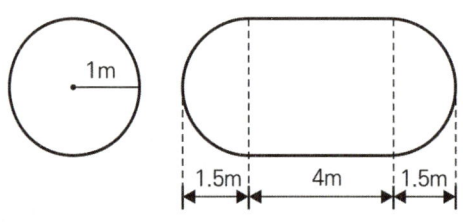

횡으로 설치한 원통형 탱크의 내용적

$V = \pi r^2 (l + \dfrac{l_1 + l_2}{3}) \times (1 - 공간용적)$

= 원의 면적 × (가운데 체적길이 + $\dfrac{양끝 체적길이 합}{3}$) × (1 − 공간용적)

= $\pi \times 1^2 \times (4 + \dfrac{1.5 + 1.5}{3})$ = 15.71m³

정답 15.71m³

20 ✈빈출

위험물안전관리법령상 "위험물제조소"라는 표시를 한 표지를 설치할 때의 기준에 대하여 다음 물음에 답하시오.

(1) 표지 크기 기준에 대하여 쓰시오.
(2) 표지의 바탕과 문자의 색상을 쓰시오.

표지의 설치기준(위험물안전관리법 시행규칙 별표 4)
제조소에는 보기 쉬운 곳에 다음의 기준에 따라 "위험물 제조소"라는 표시를 한 표지를 설치하여야 한다.
• 표지는 한 변의 길이가 0.3m 이상, 다른 한 변의 길이가 0.6m 이상인 직사각형으로 할 것
• 표지의 바탕은 백색으로, 문자는 흑색으로 할 것

정답 (1) 한 변의 길이가 0.3m 이상이고, 다른 한 변의 길이는 0.6m 이상인 직사각형 (2) 백색바탕, 흑색문자

CHAPTER 11
2023 제1회 실기[필답형] 기출복원문제

01

이동탱크저장소의 구조에 대하여 다음 물음에 답하시오.

(1) 중심점과 측면틀의 최외측을 연결하는 직선과 그 중심점을 지나는 직선 중 최외측선과 직각을 이루는 직선과의 내각의 각도를 쓰시오.
(2) 측면틀의 최외측선의 수평면에 대한 내각의 각도를 쓰시오.

> **이동탱크저장소 측면틀의 설치기준(위험물안전관리법 시행규칙 별표 10)**
> 탱크 뒷부분의 입면도에 있어서 측면틀의 최외측과 탱크의 최외측을 연결하는 직선의 수평면에 대한 내각이 75도 이상이 되도록 하고, 최대수량의 위험물을 저장한 상태에 있을 때의 당해 탱크중량의 중심점과 측면틀의 최외측을 연결하는 직선과 그 중심점을 지나는 직선 중 최외측선과 직각을 이루는 직선과의 내각이 35도 이상이 되도록 할 것

정답 (1) 35도 이상 (2) 75도 이상

02

옥외저장소에 저장 가능한 제4류 위험물의 품명 중 4가지를 쓰시오.

> **옥외저장소에 저장할 수 있는 위험물 유별(위험물안전관리법 시행령 별표 2)**
> - 제2류 위험물 중 황, 인화성 고체(인화점이 0도 이상인 것에 한함)
> - 제4류 위험물 중 제1석유류(인화점이 0도 이상인 것에 한함), 알코올류, 제2석유류, 제3석유류, 제4석유류, 동식물유류
> - 제6류 위험물
> - 제2류 위험물 및 제4류 위험물 중 특별시·광역시·특별자치시·도 또는 특별자치도의 조례로 정하는 위험물(「관세법」 제154조에 따른 보세구역 안에 저장하는 경우로 한정함)
> - 「국제해사기구에 관한 협약」에 의하여 설치된 국제해사기구가 채택한 「국제해상위험물규칙」(IMDG Code)에 적합한 용기에 수납된 위험물

정답 제4류 위험물 중 제1석유류(인화점이 0도 이상인 것에 한함), 알코올류, 제2석유류, 제3석유류, 제4석유류, 동식물유류 중 4가지

03 빈출

다음 위험물의 연소반응식을 쓰시오. (단, 없으면 "해당 없음"을 쓰시오.)

(1) 황린
(2) 삼황화인
(3) 나트륨
(4) 과산화마그네슘
(5) 질산

> (1) 황린의 연소반응식
>   - $P_4 + 5O_2 \rightarrow 2P_2O_5$
>   - 황린은 연소하여 오산화인을 생성한다.
> (2) 삼황화인의 연소반응식
>   - $P_4S_3 + 8O_2 \rightarrow 2P_2O_5 + 3SO_2$
>   - 삼황화인은 연소하여 오산화인과 이산화황을 생성한다.
> (3) 나트륨의 연소반응식
>   - $4Na + O_2 \rightarrow 2Na_2O$
>   - 나트륨은 연소하여 산화나트륨을 생성한다.

정답 (1) $P_4 + 5O_2 \rightarrow 2P_2O_5$ (2) $P_4S_3 + 8O_2 \rightarrow 2P_2O_5 + 3SO_2$
(3) $4Na + O_2 \rightarrow 2Na_2O$ (4) 해당 없음 (5) 해당 없음

04

위험물안전관리법령상 위험물제조소의 환기설비에 대하여 다음 물음에 답하시오.

(1) 환기방식을 쓰시오.
(2) 바닥면적이 150m² 미만인 경우 급기구의 크기를 쓰시오.
   ① 바닥면적 60m² 미만일 때
   ② 바닥면적 60m² 이상 90m² 미만일 때
   ③ 바닥면적 120m² 이상 150m² 미만일 때
(3) 환기구의 높이를 쓰시오.

제조소의 환기설비 설치기준(위험물안전관리법 시행규칙 별표 4)
- 환기는 자연배기방식으로 할 것
- 급기구는 당해 급기구가 설치된 실의 바닥면적 150m²마다 1개 이상으로 하되, 급기구의 크기는 800cm² 이상으로 할 것. 다만 바닥면적이 150m² 미만인 경우에는 다음의 크기로 하여야 한다.

바닥면적	급기구 면적
60m² 미만	150cm² 이상
60m² 이상 90m² 미만	300cm² 이상
90m² 이상 120m² 미만	450cm² 이상
120m² 이상 150m² 미만	600cm² 이상

- 환기구는 지붕 위 또는 지상 2m 이상의 높이에 회전식 고정벤티레이터 또는 루프팬 방식(roof fan: 지붕에 설치하는 배기장치)으로 설치할 것

정답 (1) 자연배기방식
(2) ① 150cm² 이상 ② 300cm² 이상 ③ 600cm² 이상
(3) 2m 이상

05

다음 위험물의 지정수량을 쓰시오.

(1) 황화인
(2) 마그네슘
(3) 적린
(4) 황
(5) 철분

제2류 위험물(가연성 고체)

등급	품명	지정수량(kg)	위험물	분자식
II	황화인	100	삼황화인	P_4S_3
			오황화인	P_2S_5
			칠황화인	P_4S_7
	적린		적린	P
	황		황	S
III	금속분	500	알루미늄분	Al
			아연분	Zn
			안티몬	Sb
	철분		철분	Fe
	마그네슘		마그네슘	Mg
	인화성 고체	1,000	고형알코올	–

정답 (1) 100kg (2) 500kg (3) 100kg (4) 100kg (5) 500kg

06 ✈빈출

주유취급소에 게시하는 게시판에 대하여 다음 물음에 답하시오.

(1) 화기엄금 게시판의 바탕색과 문자색을 쓰시오.
(2) 주유 중 엔진정지 게시판의 바탕색과 문자색을 쓰시오.

게시판의 종류별 바탕색 및 문자색

종류	바탕색	문자색
위험물제조소등	백색	흑색
위험물	흑색	황색
주유 중 엔진정지	황색	흑색
화기엄금	적색	백색
물기엄금	청색	백색

정답 (1) 적색바탕, 백색문자 (2) 황색바탕, 흑색문자

07

[보기]의 설명 중 과염소산에 대한 내용으로 옳은 것을 모두 선택하여 그 번호를 쓰시오.

─────[보기]─────
(1) 분자량은 약 78이다.
(2) 분자량은 약 63이다.
(3) 무색의 액체이다.
(4) 짙은 푸른색을 나타내는 액체이다.
(5) 농도가 36wt% 미만인 것은 위험물에 해당하지 않는다.
(6) 가열분해 시 유독한 HCl 가스를 발생한다.

과염소산($HClO_4$) - 제6류 위험물
- 과염소산의 분자량은 100.5g/mol이다.
  (C 원자량: 12, Cl 원자량: 35.5, O 원자량: 16)
- 과염소산은 무색의 액체로 존재하며; 고농도 과염소산은 강력한 산화제이자 부식성 액체이다.
- 과염소산은 농도와 관계없이 위험물로 취급된다. 과산화수소의 경우 농도가 36wt% 이상이면 위험물에 해당한다.
- 과염소산의 가열분해반응식: $HClO_4 \rightarrow HCl + 2O_2$
  과염소산은 가열되면 분해하여 유독한 염화수소(HCl) 가스와 산소를 발생한다.

정답 (3), (6)

08

비중이 0.79인 에틸알코올 200ml와 비중이 1.0인 물 150ml을 혼합하였다. 다음 물음에 알맞은 답을 쓰시오.

(1) 에틸알코올 농도는 몇 wt%인지 구하시오.
(2) (1)의 에틸알코올은 위험물안전관리법령상 제4류 위험물인 알코올류에 속하는지 판단하고, 이유를 설명하시오.

(1) 에틸알코올 농도(wt%)
- 에틸알코올의 비중: 0.79
- 에틸알코올 200ml의 질량: 200ml × 0.79g/ml = 158g
- 물의 비중: 1.0
- 물 150ml의 질량: 150ml × 1.0g/ml = 150g
- 혼합물의 총 질량은 에틸알코올 + 물의 질량 = 158g + 150g = 308g
- 중량퍼센트(wt%) = $\dfrac{158g}{308g}$ × 100 = 51.30wt%

(2) 위험물안전관리법령상 알코올류의 기준은 알코올류 1분자를 구성하는 탄소원자의 수가 1개 내지 3개의 포화1가 알코올 함유량이 60wt% 이상일 때이다.

정답 (1) 51.30wt%
(2) 농도가 60wt% 미만이므로 알코올류에 속하지 않는다.

09

나이트로글리세린에 대하여 다음 물음에 답하시오.

(1) 다음 화학반응식을 완성하시오.

$$4C_3H_5(ONO_2)_3 \rightarrow (\quad)H_2O + (\quad)N_2 + (\quad)CO_2 + O_2$$

(2) 2mol이 분해할 경우 생성되는 이산화탄소의 질량(g)을 구하시오.
(3) 나이트로글리세린 90.8g이 분해할 경우 생성되는 산소의 질량(g)을 구하시오.

(1) 나이트로글리세린의 분해반응식
- $4C_3H_5(ONO_2)_3 \rightarrow 10H_2O + 6N_2 + 12CO_2 + O_2$
- 나이트로글리세린은 분해되어 물, 질소, 이산화탄소, 산소를 생성한다.

(2) 이산화탄소의 질량(g)
- (1)의 반응식을 통해 4mol의 나이트로글리세린이 분해하면 12mol의 이산화탄소가 생성됨을 알 수 있다. 따라서 나이트로글리세린 2mol이 분해하면 이산화탄소는 6mol이 생성된다. 이때 이산화탄소(CO_2)의 분자량은 12 + (16 × 2) = 44g/mol이다.
  (C 원자량: 12, O 원자량: 16)
- 따라서, 6mol의 이산화탄소의 질량은 다음과 같다.
  6mol × 44g/mol = 264g

(3) 산소의 질량(g)
- 나이트로글리세린[$C_3H_5(ONO_2)_3$]의 분자량은 (12 × 3) + (1 × 5) + [14 + (16 × 3)] × 3 = 227g/mol이다.
  (C 원자량: 12, H 원자량: 1, O 원자량: 16, N 원자량: 14)
- 나이트로글리세린 90.8g의 몰수는 $\dfrac{\text{질량}}{\text{분자량}} = \dfrac{90.8g}{227g/mol} = 0.4mol$이다.
- (1)의 반응식을 통해 4mol의 나이트로글리세린이 분해될 때 1mol의 산소가 생성되므로 나이트로글리세린 0.4mol이 분해되면 산소는 0.1mol 생성됨을 알 수 있다.
- 이때 산소(O_2)의 분자량은 16 × 2 = 32g/mol이므로 산소의 질량은 다음과 같다.
  0.1mol × 32g/mol = 3.2g

정답
(1) $4C_3H_5(ONO_2)_3 \rightarrow 10H_2O + 6N_2 + 12CO_2 + O_2$
(2) 264g
(3) 3.2g

10

36wt% 과산화수소 100g에 대하여 다음 물음에 답하시오.

(1) 분해반응식
(2) 생성되는 산소의 질량(g)

---

(1) 과산화수소의 분해반응식
- $2H_2O_2 \rightarrow 2H_2O + O_2$
- 과산화수소는 분해하여 물과 산소를 생성한다.

(2) 생성되는 산소의 질량(g)
- 과산화수소 36wt% 용액이므로, 100g의 용액에 포함된 순수 과산화수소(H_2O_2)의 질량은 100g × 0.36 = 36g이다.
- 과산화수소(H_2O_2)의 분자량은 (1 × 2) + (16 × 2) = 34g/mol이다.
  (H 원자량: 1, O 원자량: 16)
- 순수 과산화수소 36g의 몰수는 $\dfrac{질량}{분자량} = \dfrac{36g}{34g/mol}$ = 1.0588mol이다.
- (1)의 반응식을 통해 2mol의 과산화수소가 분해되면 1mol의 산소가 생성됨을 알 수 있다. 따라서 1.0588mol의 과산화수소가 분해되면 산소는 $1.0588 \times \dfrac{1}{2}$ = 0.5294mol이 생성된다.
- 이때 산소(O_2)의 분자량은 16 × 2 = 32g/mol이므로 생성되는 산소의 질량은 다음과 같다.
  0.5294mol × 32g/mol = 16.94g

정답 (1) $2H_2O_2 \rightarrow 2H_2O + O_2$
(2) 16.94g

11

다음과 같이 종으로 설치한 원통형 탱크의 내용적(m^3)을 구하시오. (단, r = 10m, l = 25m)

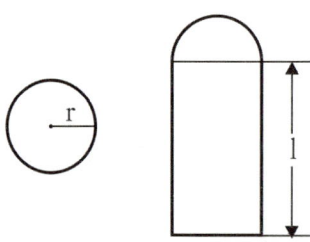

> 종으로 설치한 원형 탱크의 내용적
> $V = \pi r^2 l$
> $= \pi \times 10^2 \times 25 = 7,850 m^3$

정답 $7,850 m^3$

12

다음 위험물의 구조식을 쓰시오.

(1) TNT
(2) 피크린산

구분	트라이나이트로톨루엔(TNT)	트라이나이트로페놀(피크린산)
구조식	(CH₃, O₂N, NO₂, NO₂ 구조)	(OH, O₂N, NO₂, NO₂ 구조)
분자식	$C_6H_2(NO_2)_3CH_3$	$C_6H_2(NO_2)_3OH$

정답
(1) TNT 구조식 (CH₃ 기준, 2,4,6-트라이나이트로톨루엔)
(2) 피크린산 구조식 (OH 기준, 2,4,6-트라이나이트로페놀)

13

다음 [보기]를 보고 물음에 해당하는 위험물의 화학식을 쓰시오.

[보기]
질산암모늄, 질산칼륨, 과산화나트륨, 삼산화크로뮴, 염소산칼륨

(1) 물 또는 이산화탄소와 반응하는 위험물
(2) 흡습성이 있고 분해 시 흡열반응을 하는 위험물
(3) 비중 2.32로 이산화망가니즈를 촉매로 하여 가열하면 산소를 발생하는 위험물

(1) 과산화나트륨(Na_2O_2)은 물과 반응하여 수산화나트륨과 산소를 생성하고, 이산화탄소와 반응하여 탄산나트륨과 산소를 생성한다.
  - 과산화나트륨과 물의 반응식: $2Na_2O_2 + 2H_2O \rightarrow 4NaOH + O_2$
  - 과산화나트륨과 이산화탄소의 반응식: $2Na_2O_2 + 2CO_2 \rightarrow 2Na_2CO_3 + O_2$
(2) 질산암모늄(NH_4NO_3)은 흡습성이 강하고, 가열 시 분해되며 흡열반응을 일으킨다. 또한, 온도에 민감하며, 폭발성이 있다.
(3) 염소산칼륨($KClO_3$)은 비중이 약 2.32이며, 이산화망가니즈(MnO_2) 촉매하에서 가열하면 산소를 방출한다.

정답 (1) Na_2O_2 (2) NH_4NO_3 (3) $KClO_3$

14 빈출

동식물유류는 아이오딘값을 기준으로 하여 건성유, 반건성유, 불건성유로 나눈다. 다음 동식물유류를 구분하는 아이오딘값의 일반적인 범위를 쓰시오.

(1) 건성유
(2) 반건성유
(3) 불건성유

동식물유류 구분

구분	아이오딘 값	종류
건성유	130 이상	대구유, 정어리유, 상어유, 해바라기유, 동유, 아마인유, 들기름
반건성유	100 초과 130 미만	면실유, 청어유, 쌀겨유, 옥수수유, 채종유, 참기름, 콩기름
불건성유	100 이하	소기름, 돼지기름, 고래기름, 올리브유, 팜유, 땅콩기름, 피마자유, 야자유

정답 (1) 130 이상 (2) 100 초과 130 미만 (3) 100 이하

15 빈출

다음 [보기]의 위험물에 대하여 다음 물음에 답하시오.

[보기]
염소산암모늄, 질산암모늄, 과산화나트륨, 칼륨, 과망가니즈산칼륨, 아세톤

(1) 위 위험물 중 이산화탄소와 반응하는 물질을 모두 쓰시오. (단, 없으면 "해당 없음"이라 쓰시오.)
(2) (1)의 위험물이 이산화탄소와 반응하는 반응식을 각각 쓰시오.

(1) 이산화탄소와 반응하는 위험물은 과산화나트륨, 칼륨이다.
(2) 이산화탄소와의 반응식
- 과산화나트륨과 이산화탄소의 반응식: $2Na_2O_2 + 2CO_2 \rightarrow 2Na_2CO_3 + O_2$
  과산화나트륨은 이산화탄소와 반응하여 탄산나트륨과 산소를 발생한다.
- 칼륨과 이산화탄소의 반응식: $4K + 3CO_2 \rightarrow 2K_2CO_3 + C$
  칼륨은 이산화탄소와 반응하여 탄산칼륨과 탄소를 발생한다.

정답 (1) 과산화나트륨, 칼륨
(2) $2Na_2O_2 + 2CO_2 \rightarrow 2Na_2CO_3 + O_2$, $4K + 3CO_2 \rightarrow 2K_2CO_3 + C$

16

아세트알데하이드에 대하여 다음 물음에 답하시오.

(1) 지정수량
(2) 품명
(3) 다음 설명 중 옳은 것을 모두 고르시오.
  ① 에틸알코올의 산화과정에서 생성된다.
  ② 무색투명한 액체로 자극적인 냄새가 난다.
  ③ 구리, 은, 마그네슘 용기에 저장한다.
  ④ 물, 에터, 에틸알코올에 잘 녹고 고무를 녹인다.
(4) 보냉장치가 없는 이동저장탱크에 저장하는 경우 (　)℃ 이하로 유지할 것

아세트알데하이드(CH_3CHO) - 제4류 위험물
- 아세트알데하이드는 제4류 위험물 중 특수인화물로 지정수량은 50L이다.
- 아세트알데하이드는 에틸알코올의 산화과정에서 중간 산화 생성물로 생성된다. 즉, 에틸알코올이 산화되면 아세트알데하이드가 생성되고, 추가 산화하면 아세트산이 생성된다.
- 아세트알데하이드는 무색의 투명한 액체로 강하고 자극적인 냄새가 특징이다.
- 아세트알데하이드는 구리, 은, 수은, 마그네슘 등으로 만든 용기에 저장하지 않는다.
- 아세트알데하이드는 물, 에터, 에틸알코올에 잘 녹으며, 고무와 반응하여 고무를 녹일 수 있다.
- 아세트알데하이드등의 저장기준(위험물안전관리법 시행규칙 별표 18)

보냉장치가 있는 경우	보냉장치가 없는 경우
이동저장탱크에 저장하는 아세트알데하이드등의 온도는 당해 위험물의 비점 이하로 유지할 것	이동저장탱크에 저장하는 아세트알데하이드등의 온도는 40℃ 이하로 유지할 것

정답 (1) 50L (2) 특수인화물 (3) ①, ②, ④ (4) 40

17

제1류 위험물 중 과산화마그네슘에 대하여 다음 물질과의 화학반응식을 쓰시오.

(1) 염산
(2) 물
(3) 열분해

(1) 과산화마그네슘과 염산의 반응식
  - $MgO_2 + 2HCl \rightarrow MgCl_2 + H_2O_2$
  - 과산화마그네슘은 염산과 반응하여 염화마그네슘과 과산화수소를 생성한다.
(2) 과산화마그네슘과 물의 반응식
  - $2MgO_2 + 2H_2O \rightarrow 2Mg(OH)_2 + O_2$
  - 과산화마그네슘은 물과 반응하여 수산화마그네슘과 산소를 생성한다.
(3) 과산화마그네슘의 열분해반응식
  - $2MgO_2 \rightarrow 2MgO + O_2$
  - 과산화마그네슘은 열분해하여 산화마그네슘과 산소를 생성한다.

정답 (1) $MgO_2 + 2HCl \rightarrow MgCl_2 + H_2O_2$
(2) $2MgO_2 + 2H_2O \rightarrow 2Mg(OH)_2 + O_2$
(3) $2MgO_2 \rightarrow 2MgO + O_2$

18

다음은 위험물안전관리법령에서 정한 제2석유류의 정의이다. 빈칸에 들어갈 알맞은 숫자를 쓰시오.

> 등유, 경유 그 밖에 1기압에서 인화점이 섭씨 (①)도 이상 (②)도 미만인 것을 말한다. 다만, 도료류 그 밖의 물품에 있어서 가연성 액체량이 (③)중량퍼센트 이하이면서 인화점이 섭씨 (④)도 이상인 동시에 연소점이 섭씨 (⑤)도 이상인 것은 제외한다.

제2석유류의 정의(위험물안전관리법 시행령 별표 1)
제2석유류라 함은 등유, 경유 그 밖에 1기압에서 인화점이 섭씨 21도 이상 70도 미만인 것을 말한다. 다만, 도료류 그 밖의 물품에 있어서 가연성 액체량이 40중량퍼센트 이하이면서 인화점이 섭씨 40도 이상인 동시에 연소점이 섭씨 60도 이상인 것은 제외한다.

정답 ① 21 ② 70 ③ 40 ④ 40 ⑤ 60

19

다음 중 각 물음에 해당하는 위험물을 선택하여 그 번호를 쓰시오.

> ① 벤젠 ② 이황화탄소 ③ 아세톤 ④ 아세트알데하이드 ⑤ 아세트산

(1) 비수용성 물질을 모두 쓰시오.
(2) 인화점이 가장 낮은 물질을 쓰시오.
(3) 비점이 가장 높은 물질을 쓰시오.

위험물	품명	수용성 여부	인화점(℃)	비점(℃)
벤젠	제1석유류	×	-11	80
이황화탄소	특수인화물	×	-30	46
아세톤	제1석유류	○	-18	56
아세트알데하이드	특수인화물	○	-38	21
아세트산	제2석유류	○	40	118.3

정답 (1) ①, ② (2) ④ (3) ⑤

20

메틸알코올의 연소반응식을 쓰고, 메틸알코올 200kg가 연소할 때 필요한 이론산소량(kg)을 구하시오. (단, 공기 중 질소는 79%, 산소는 21%이다.)

(1) 연소반응식
(2) 이론산소량(kg)

(1) 메틸알코올의 연소반응식
- $2CH_3OH + 3O_2 \rightarrow 2CO_2 + 4H_2O$
- 메틸알코올은 연소하여 이산화탄소와 물을 생성한다.

(2) 이론산소량(kg)
- 메틸알코올(CH_3OH)의 분자량은 12 + (1 × 4) + 16 = 32g/mol이다.
  (C 원자량: 12, H 원자량: 1, O 원자량: 16)
- 200kg를 g으로 단위를 맞춰 200,000g일 때 메틸알코올의 몰수를 구하면 $\frac{200,000g}{32g/mol}$ = 6,250mol이다.
- (1)의 반응식을 통해 메틸알코올과 산소의 반응비는 2 : 3이므로 필요한 산소의 몰수는 6,250 × $\frac{3}{2}$ = 9,375mol이다.
- 이때 산소(O_2)의 분자량은 32g/mol이므로 총 산소의 질량은 다음과 같다.
  9,375 × 32 = 300,000g = 300kg

정답 (1) $2CH_3OH + 3O_2 \rightarrow 2CO_2 + 4H_2O$
(2) 300kg

CHAPTER 12
2022 제4회 실기[필답형] 기출복원문제

01

다음 위험물의 분해반응식을 쓰시오.

(1) 무수크로뮴산
(2) 질산칼륨

(1) 무수크로뮴산의 분해반응식
- $4CrO_3 \rightarrow 2Cr_2O_3 + 3O_2$
- 무수크로뮴산은 분해하여 산화크로뮴과 산소를 생성한다.

(2) 질산칼륨의 분해반응식
- $2KNO_3 \rightarrow 2KNO_2 + O_2$
- 질산칼륨은 분해하여 아질산칼륨과 산소를 생성한다.

정답
(1) $4CrO_3 \rightarrow 2Cr_2O_3 + 3O_2$
(2) $2KNO_3 \rightarrow 2KNO_2 + O_2$

02

탄산수소나트륨이 열에 의하여 분해되었을 경우 다음 물음에 답하시오.

(1) 1차 열분해반응식
(2) 100kg의 탄산수소나트륨 분말 소화약제가 1기압, 100℃에서 분해할 때 발생하는 이산화탄소의 부피(m³)

(1) 탄산수소나트륨의 1차 열분해반응식
$2NaHCO_3 \rightarrow Na_2CO_3 + CO_2 + H_2O$

(2) 이산화탄소의 부피(m³)

- 이상기체 방정식을 이용하여 이산화탄소의 부피를 구하기 위해 $PV = \dfrac{wRT}{M}$ 의 식을 사용한다.

- (1)의 반응식에서 탄산수소나트륨과 이산화탄소와의 반응비는 2 : 1이므로 다음과 같은 식이 된다.

$$V = \dfrac{wRT}{MP} = \dfrac{100kg \times 0.082 \times 373K}{84kg/kmol \times 1} \times \dfrac{1}{2} = 18.21 m^3$$

- P: 압력(1atm)
- w: 질량 → 100kg
- M: 분자량 → 탄산수소나트륨($NaHCO_3$)의 분자량: $23 + 1 + 12 + (16 \times 3) = 84 kg/kmol$
  (C 원자량: 12, H 원자량: 1, O 원자량: 16, Na 원자량: 23)
- V: 부피(L)

- n: 몰수(mol)
- R: 기체상수(0.082m³·atm/kmol·K)
- T: 절대온도(K, 절대온도로 변환하기 위해 273을 더한다) → 100 + 273 = 373K

정답 (1) $2NaHCO_3 \rightarrow Na_2CO_3 + CO_2 + H_2O$
(2) $18.21m^3$

03 빈출

다음 중 연소 시 오산화인이 발생하는 위험물의 번호를 모두 쓰시오.

(1) 삼황화인
(2) 오황화인
(3) 칠황화인
(4) 적린
(5) 황

(1) 삼황화인의 연소반응식
  - $P_4S_3 + 8O_2 \rightarrow 2P_2O_5 + 3SO_2$
  - 삼황화인은 연소하여 오산화인과 이산화황을 생성한다.
(2) 오황화인의 연소반응식
  - $2P_2S_5 + 15O_2 \rightarrow 2P_2O_5 + 10SO_2$
  - 오황화인은 연소하여 오산화인과 이산화황을 생성한다.
(3) 칠황화인의 연소반응식
  - $P_4S_7 + 16O_2 \rightarrow 2P_2O_5 + 7SO_2$
  - 칠황화인은 연소하여 오산화인과 이산화황을 생성한다.
(4) 적린의 연소반응식
  - $4P + 5O_2 \rightarrow 2P_2O_5$
  - 적린은 연소하여 오산화인을 생성한다.
(5) 황의 연소반응식
  - $S + O_2 \rightarrow SO_2$
  - 황은 연소하여 이산화황을 생성한다.

정답 (1), (2), (3), (4)

04

메틸알코올과 벤젠을 비교하여 크면 '크다', 작으면 '작다'를 빈칸에 쓰시오.

(1) 메틸알코올의 분자량은 벤젠의 분자량보다 (   )
(2) 메틸알코올의 증기비중은 벤젠의 증기비중보다 (   )
(3) 메틸알코올의 인화점은 벤젠의 인화점보다 (   )
(4) 메틸알코올의 연소범위가 벤젠의 연소범위보다 (   )
(5) 메틸알코올 1mol이 완전연소 시 발생하는 이산화탄소의 양은 벤젠 1mol이 완전연소 시 발생하는 이산화탄소의 양보다
 (   )

위험물	분자량	증기비중	인화점	연소범위
메틸알코올(CH_3OH)	$12 + (1 \times 3) + 16 + 1 = 32$	$\frac{32}{29}$ = 약 1.10	11	6 ~ 36%
벤젠(C_6H_6)	$(12 \times 6) + (1 \times 6) = 78$	$\frac{78}{29}$ = 약 2.69	-11	1.4 ~ 7.1%

- 메틸알코올의 연소반응식: $2CH_3OH + 3O_2 \rightarrow 2CO_2 + 4H_2O$
 메틸알코올은 1mol이 연소하여 1mol의 이산화탄소를 발생한다.
- 벤젠의 연소반응식: $2C_6H_6 + 15O_2 \rightarrow 12CO_2 + 6H_2O$
 벤젠은 1mol이 연소하여 6mol의 이산화탄소를 발생한다.
※ C 원자량: 12, H 원자량: 1, O 원자량: 16

정답 (1) 작다 (2) 작다 (3) 크다 (4) 크다 (5) 작다

05 빈출

다음 할로겐(할로젠)화합물 소화약제의 할론번호를 쓰시오.

(1) CF_2ClBr
(2) CH_2ClBr
(3) CH_3Br

할론명명법
C, F, Cl, Br 순으로 원소의 개수를 나열한다. 탄소(C)는 네 개의 결합을 가지므로, 할론 구조식에서 탄소에 결합된 할로겐(할로젠) 원자의 개수가 부족할 경우 나머지 결합은 수소(H)로 채워진다.
(1) CF_2ClBr = Halon 1211
(2) CH_2ClBr = Halon 1011
(3) CH_3Br = Halon 1001

정답 (1) 1211 (2) 1011 (3) 1001

06

다음 [보기]에서 금속나트륨과 금속칼륨의 공통 성질에 해당하는 번호를 모두 선택하여 쓰시오.

[보기]
(1) 무른 경금속이다.
(2) 알코올과 반응하여 수소를 발생한다.
(3) 물과 반응할 때 불연성 기체를 발생한다.
(4) 흑색의 고체이다.
(5) 보호액 속에 보관한다.

(1) 나트륨(Na)과 칼륨(K)은 주기율표의 1족(알칼리금속)에 속하는 원소이다. 이 원소들은 금속이지만 매우 부드럽고 쉽게 자를 수 있는 특성을 지닌 무른 경금속이다.
(2) 알코올과의 반응식
 • 나트륨과 알코올의 반응식: $2Na + 2C_2H_5OH \rightarrow 2C_2H_5ONa + H_2$
 • 칼륨과 알코올의 반응식: $2K + 2C_2H_5OH \rightarrow 2C_2H_5OK + H_2$
  → 알코올과 반응하여 공통적으로 수소를 발생한다.
(3) 물과의 반응식
 • 나트륨과 물의 반응식: $2Na + 2H_2O \rightarrow 2NaOH + H_2$
 • 칼륨과 물의 반응식: $2K + 2H_2O \rightarrow 2KOH + H_2$
  → 물과 반응하여 공통적으로 가연성의 수소를 발생한다.
(4) 나트륨과 칼륨은 은백색의 고체이다.
(5) 나트륨과 칼륨은 공기 중의 산소와 수분에 매우 민감하다. 이 금속들은 수분과 접촉하면 격렬히 반응하여 산화되거나, 수소 기체를 발생시키며 발열 반응을 일으켜 위험할 수 있다. 따라서 금속 표면이 산소나 수분과 직접 접촉하는 것을 방지하기 위해, 경유, 등유 등의 산소가 함유되지 않은 보호액(석유류)에 저장한다.

정답 (1), (2), (5)

07

인화칼슘과 다음 물질의 화학반응식을 쓰시오.

(1) 염산

(2) 물

> (1) 인화칼슘과 염산의 반응식
> - $Ca_3P_2 + 6HCl \rightarrow 3CaCl_2 + 2PH_3$
> - 인화칼슘은 염산과 반응하여 염화칼슘과 포스핀가스를 발생한다.
> (2) 인화칼슘과 물의 반응식
> - $Ca_3P_2 + 6H_2O \rightarrow 3Ca(OH)_2 + 2PH_3$
> - 인화칼슘은 물과 반응하여 수산화칼슘과 포스핀가스를 발생한다.

정답 (1) $Ca_3P_2 + 6HCl \rightarrow 3CaCl_2 + 2PH_3$
(2) $Ca_3P_2 + 6H_2O \rightarrow 3Ca(OH)_2 + 2PH_3$

08

다음 제2류 위험물에 대하여 위험물 제외 조건을 쓰시오.

(1) 철분

(2) 마그네슘

(3) 금속분

> 제2류 위험물 기준(위험물안전관리법 시행령 별표 1)
> - 철분이라 함은 철의 분말로서 53마이크로미터의 표준체를 통과하는 것이 50중량퍼센트 미만인 것은 제외한다.
> - 금속분이라 함은 알칼리금속·알칼리토류금속·철 및 마그네슘 외의 금속의 분말을 말하고, 구리분·니켈분 및 150마이크로미터의 체를 통과하는 것이 50중량퍼센트 미만인 것은 제외한다.
> - 마그네슘 및 마그네슘을 함유한 것에 있어서는 다음 1에 해당하는 것은 제외한다.
>   - 2밀리미터의 체를 통과하지 아니하는 덩어리 상태의 것
>   - 지름 2밀리미터 이상의 막대모양의 것

정답 (1) 53마이크로미터 표준체를 통과하는 것이 50중량퍼센트 미만인 것
(2) 2밀리미터 체를 통과하지 아니하는 덩어리 상태의 것, 직경 2밀리미터 이상의 막대모양의 것
(3) 150마이크로미터의 표준체를 통과하는 것이 50중량퍼센트 미만인 것

09

다음 표에 들어갈 알맞은 말을 쓰시오.

(1)		
제조소	저장소	취급소
-	옥외·내저장소 옥외·내탱크저장소 (2) (3) 지하탱크저장소 암반탱크저장소	일반취급소 주유취급소 (4) (5)

위험물제조소등의 분류(위험물안전관리법 시행령 별표 2, 별표 3)

위험물제조소등		
제조소	저장소	취급소
-	옥외·내저장소 옥외·내탱크저장소 이동탱크저장소 간이탱크저장소 지하탱크저장소 암반탱크저장소	일반취급소 주유취급소 판매취급소 이송취급소

정답 (1) 위험물제조소등 (2) 이동탱크저장소 (3) 간이탱크저장소
(4) 판매취급소 (5) 이송취급소

10

옥내탱크저장소에 탱크 2기가 설치되어 있다. 다음 물음에 답하시오.

(1) 탱크와 벽 사이의 거리는 몇 m 이상으로 하여야 하는지 쓰시오.
(2) 탱크 상호 간의 거리는 몇 m 이상으로 하여야 하는지 쓰시오.

옥내탱크저장소의 위치, 구조 및 설비의 기준(위험물안전관리법 시행규칙 별표 7)
옥내저장탱크와 탱크전용실의 벽과의 사이 및 옥내저장탱크의 상호 간에는 0.5m 이상의 간격을 유지할 것

정답 (1) 0.5m 이상 (2) 0.5m 이상

11

운반 시 다음 위험물과 혼재할 수 없는 위험물의 유별을 모두 쓰시오. (단, 지정수량의 10배 이상이다.)

(1) 제1류 위험물
(2) 제2류 위험물
(3) 제3류 위험물

유별을 달리하는 위험물 혼재기준(지정수량 1/10배 초과)(위험물안전관리법 시행규칙 별표 19)

1	6		혼재 가능
2	5	4	혼재 가능
3	4		혼재 가능

정답
(1) 제2류 위험물, 제3류 위험물, 제4류 위험물, 제5류 위험물
(2) 제1류 위험물, 제3류 위험물, 제6류 위험물
(3) 제1류 위험물, 제2류 위험물, 제5류 위험물, 제6류 위험물

12

다음 [보기]의 물질 중 가연물인 동시에 산소를 함유하고 있는 물질을 모두 고르시오.

―――――――――[보기]―――――――――
과산화수소, 과산화나트륨, 질산메틸, 나이트로글리세린, 다이에틸아연

- 가연물인 동시에 산소를 함유하는 위험물은 제5류 위험물이다.
- 질산메틸(제5류-질산에스터류)은 분자 내에 질산기(-ONO₂)를 포함하고 있으며 산소 원자가 다량 포함되어 있다. 또한 가연성이며 분자 내 포함된 산소로 자체적으로 산소 공급이 가능해 연소에 도움이 된다.
- 나이트로글리세린(제5류 - 질산에스터류)은 산소를 포함하고 있는 폭발성 물질로, 질소-산소 결합을 포함한 분자 구조를 가지고 있다. 또한, 산소를 내장하고 있어 연소가 가능하다.
- 과산화수소(제6류)와 과산화나트륨(제1류 - 무기과산화물)은 산소를 포함하지만 가연성보다는 산화제로 주로 사용된다.
- 다이에틸아연(제3류 - 유기금속화합물)은 가연성이 있지만 산소를 포함하고 있지 않다.

정답 질산메틸, 나이트로글리세린

13

에틸렌글리콜에 대하여 다음 물음에 답하시오.

(1) 구조식
(2) 위험등급
(3) 증기비중

> 에틸렌글리콜[$C_2H_4(OH)_2$] - 제4류 위험물
> • 에틸렌글리콜은 제4류 위험물 중 제3석유류(수용성)로, 위험등급 Ⅲ등급이다.
> • 에틸렌글리콜[$C_2H_4(OH)_2$]의 분자량 = (12 × 2) + (1 × 4) + (16 × 2) + (1 × 2) = 62g/mol (C 원자량: 12, H 원자량: 1, O 원자량: 16)
> • 증기비중 = $\dfrac{\text{에틸렌글리콜 분자량}}{\text{공기의 평균 분자량}}$ = $\dfrac{62}{29}$ = 약 2.14 (공기의 평균 분자량: 29)

정답 (1)   (2) 위험등급 Ⅲ등급 (3) 2.14

14 ★빈출

제5류 위험물 중 나이트로화합물이고 담황색 결정이며, 분자량이 227인 위험물에 대하여 다음 물음에 답하시오.

(1) 명칭
(2) 시성식
(3) 지정과산화물 포함 여부(단, 해당 없으면 "해당 없음"이라 쓰시오.)
(4) 운반용기 외부에 표시하여야 하는 주의사항(단, 해당 없으면 "해당 없음"이라 쓰시오.)

> 트라이나이트로톨루엔(TNT) - 제5류 위험물
> • 트라이나이트로톨루엔은 질산과 톨루엔이 반응하여 만들어진 나이트로화합물로, 담황색 결정 형태이며, 폭발성이 강한 물질로 잘 알려져 있다.
> • 트라이나이트로톨루엔[$C_6H_2(NO_2)_3CH_3$]의 분자량은 (12 × 6) + (1 × 2) + (14 × 3) + (16 × 6) + 12 + (1 × 3) = 227g/mol이다.
>   (C 원자량: 12, H 원자량: 1, O 원자량: 16, N 원자량: 14)
> • 트라이나이트로톨루엔은 벤젠 고리(C_6H_6)에 세 개의 나이트로기(NO_2)가 결합하고, 메틸기(CH_3)가 추가된 구조로 되어 있다.
> • 지정과산화물은 제5류 위험물 중 유기과산화물로, 트라이나이트로톨루엔은 나이트로화합물에 해당되므로 지정과산화물에 포함되지 않는다.

- 위험물 유별 운반용기 외부 주의사항과 게시판(위험물안전관리법 시행규칙 별표 4, 별표 19)

유별	종류	운반용기 외부 주의사항	게시판
제1류	알칼리금속의 과산화물	가연물접촉주의, 화기·충격주의, 물기엄금	물기엄금
	그 외	가연물접촉주의, 화기·충격주의	-
제2류	철분, 금속분, 마그네슘	화기주의, 물기엄금	화기주의
	인화성 고체	화기엄금	화기엄금
	그 외	화기주의	화기주의
제3류	자연발화성 물질	화기엄금, 공기접촉엄금	화기엄금
	금수성 물질	물기엄금	물기엄금
제4류		화기엄금	화기엄금
제5류	-	화기엄금, 충격주의	화기엄금
제6류		가연물접촉주의	-

정답 (1) 트라이나이트로톨루엔 (2) $C_6H_2(NO_2)_3CH_3$
(3) 해당 없음 (4) 화기엄금, 충격주의

15

위험물안전관리법령에 따라 탱크시험자가 갖추어야 하는 장비는 필수장비와 필요한 경우에 두는 장비로 구분할 수 있다. 각각에 해당하는 장비 2가지를 쓰시오.

(1) 필수장비
(2) 필요한 경우에 두는 장비

탱크시험자가 갖추어야 하는 장비(위험물안전관리법 시행령 별표 7)
(1) 필수장비: 자기탐상시험기, 초음파두께측정기 및 다음 중 어느 하나
  • 영상초음파시험기
  • 방사선투과시험기 및 초음파시험기
(2) 필요한 경우에 두는 장비
  • 충·수압시험, 진공시험, 기밀시험 또는 내압시험의 경우
    - 진공능력 53KPa 이상의 진공누설시험기
    - 기밀시험장치(안전장치가 부착된 것으로서 가압능력 200KPa 이상, 감압의 경우에는 감압능력 10KPa 이상·감도 10Pa 이하의 것으로서 각각의 압력 변화를 스스로 기록할 수 있는 것)
  • 수직·수평도 시험의 경우: 수직·수평도 측정기
※ 비고: 둘 이상의 기능을 함께 가지고 있는 장비를 갖춘 경우에는 각각의 장비를 갖춘 것으로 본다.

정답 (1) 자기탐상시험기, 초음파두께측정기, 영상초음파시험기, 방사선투과시험기, 초음파시험기 중 2가지
(2) 진공능력 53kPa 이상의 진공누설시험기, 기밀시험장치, 수직·수평도 측정기 중 2가지

16

다음 [보기] 위험물의 지정수량 배수의 합을 구하시오.

―――――[보기]―――――
아세트알데하이드 300L, 등유 2,000L, 크레오소트유 2,000L

- 위험물별 지정수량

위험물	품명	지정수량
아세트알데하이드	특수인화물	50L
등유	제2석유류(비수용성)	1,000L
크레오소트유	제3석유류(비수용성)	2,000L

- 지정수량 배수 = $\dfrac{저장량}{지정수량}$

- 지정수량 배수의 합 = $\dfrac{300L}{50L} + \dfrac{2,000L}{1,000L} + \dfrac{2,000L}{2,000L}$ = 9배

정답 9배

17

다음과 같은 원통형 탱크의 내용적(m³)을 구하시오.

 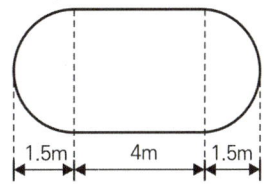

횡으로 설치한 원통형 탱크의 내용적

$V = \pi r^2 (l + \dfrac{l_1 + l_2}{3})(1 - 공간용적)$

= 원의 면적 × (가운데 체적길이 + $\dfrac{양끝 체적길이 합}{3}$) × (1 − 공간용적)

= $\pi \times 1^2 \times (4 + \dfrac{1.5 + 1.5}{3})$ = 15.71m³

정답 15.71m³

18

제6류 위험물 중 과산화수소의 위험물 기준을 쓰시오.

> **과산화수소의 위험물 기준(위험물안전관리법 시행령 별표 1)**
> 과산화수소(H_2O_2)는 제6류 위험물로 농도가 36wt% 이상일 때 위험물로 간주된다.

정답 농도 36wt% 이상

19 빈출

주유취급소에 게시하는 게시판에 대하여 다음 물음에 답하시오.

(1) 화기엄금 게시판의 바탕색과 문자색을 쓰시오.
(2) 주유 중 엔진정지 게시판의 바탕색과 문자색을 쓰시오.
(3) 게시판의 크기를 쓰시오.

- 게시판 크기의 기준: 한 변의 길이가 0.3m 이상, 다른 한 변의 길이는 0.6m 이상인 직사각형
- 게시판의 종류별 바탕색 및 문자색

종류	바탕색	문자색
위험물제조소등	백색	흑색
위험물	흑색	황색
주유 중 엔진정지	황색	흑색
화기엄금	적색	백색
물기엄금	청색	백색

정답
(1) 적색바탕, 백색문자
(2) 황색바탕, 흑색문자
(3) 한 변의 길이가 0.3m 이상이고 다른 한 변의 길이는 0.6m 이상인 직사각형

20

위험물안전관리법령상 벽, 기둥, 바닥이 내화구조인 옥내저장소에 다음 물질을 저장할 경우 최소 보유공지를 쓰시오.

(1) 인화성 고체 12,000kg
(2) 질산 12,000kg
(3) 황 12,000kg

옥내저장소의 보유공지와 지정수량
• 옥내저장소 보유공지(위험물안전관리법 시행규칙 별표 5)

위험물 최대수량	공지의 너비	
	벽, 기둥 및 바닥: 내화 구조	그 밖의 건축물
지정수량의 5배 이하	-	0.5m 이상
지정수량의 5배 초과 10배 이하	1m 이상	1.5m 이상
지정수량의 10배 초과 20배 이하	2m 이상	3m 이상
지정수량의 20배 초과 50배 이하	3m 이상	5m 이상
지정수량의 50배 초과 200배 이하	5m 이상	10m 이상
지정수량의 200배 초과	10m 이상	15m 이상

• 위험물별 지정수량(위험물안전관리법 시행령 별표 1)

유별	위험물	지정수량
제2류 위험물	인화성 고체	1,000kg
제6류 위험물	질산	300kg
제2류 위험물	황	100kg

(1) 인화성 고체 = $\frac{12,000kg}{1,000kg}$ = 12배 → 2m 이상

(2) 질산 = $\frac{12,000kg}{300kg}$ = 40배 → 3m 이상

(3) 황 = $\frac{12,000kg}{100kg}$ = 120배 → 5m 이상

정답 (1) 2m (2) 3m (3) 5m

01

다음 위험물의 지정수량을 쓰시오.

(1) 황화인
(2) 적린
(3) 금속분

제2류 위험물(가연성 고체)

등급	품명	지정수량(kg)	위험물	분자식
II	황화인	100	삼황화인	P_4S_3
			오황화인	P_2S_5
			칠황화인	P_4S_7
	적린		적린	P
	황		황	S
III	금속분	500	알루미늄분	Al
			아연분	Zn
			안티몬	Sb
	철분		철분	Fe
	마그네슘		마그네슘	Mg
	인화성 고체	1,000	고형알코올	–

정답 (1) 100kg (2) 100kg (3) 500kg

02

다음 위험물의 화학식을 쓰시오.

(1) 다이크로뮴산칼륨
(2) 과망가니즈산칼륨
(3) 염소산칼륨

제1류 위험물(산화성 고체)

등급	품명	지정수량(kg)	위험물	분자식	기타
I	아염소산염류	50	아염소산나트륨	$NaClO_2$	-
I	염소산염류	50	염소산칼륨	$KClO_3$	-
I	염소산염류	50	염소산나트륨	$NaClO_3$	-
I	과염소산염류	50	과염소산칼륨	$KClO_4$	-
I	과염소산염류	50	과염소산나트륨	$NaClO_4$	-
I	무기과산화물	50	과산화칼륨	K_2O_2	• 과산화칼륨 • 과산화마그네슘
I	무기과산화물	50	과산화나트륨	Na_2O_2	• 과산화칼륨 • 과산화마그네슘
II	브로민산염류	300	브로민산암모늄	NH_4BrO_3	-
II	질산염류	300	질산칼륨	KNO_3	-
II	질산염류	300	질산나트륨	$NaNO_3$	-
II	아이오딘산염류	300	아이오딘산칼륨	KIO_3	-
III	과망가니즈산염류	1,000	과망가니즈산칼륨	$KMnO_4$	
III	다이크로뮴산염류	1,000	다이크로뮴산칼륨	$K_2Cr_2O_7$	
III	다이크로뮴산염류	1,000	다이크로뮴산나트륨	$Na_2Cr_2O_7$	

정답 (1) $K_2Cr_2O_7$ (2) $KMnO_4$ (3) $KClO_3$

03 빈출

이산화탄소 6kg이 섭씨 26도 1atm에서 부피가 몇 L인지 구하시오.

이상기체 방정식을 이용하여 이산화탄소의 부피를 구하기 위해 $PV = \dfrac{wRT}{M}$ 의 식을 사용한다.

$V = \dfrac{wRT}{MP} = \dfrac{6,000g \times 0.082 \times 299K}{44g/mol \times 1} = 3,343.36L$

- P: 압력(1atm)
- M: 분자량 → 이산화탄소(CO_2)의 분자량 = 12 + (16 × 2) = 44g/mol (C 원자량: 12, O 원자량: 16)
- w: 질량 → 6kg = 6,000g
- V: 부피(L)
- n: 몰수(mol)
- R: 기체상수(0.082L · atm/mol · K)
- T: 절대온도(K, 절대온도로 변환하기 위해 273을 더한다) → 26 + 273 = 299K

정답 3,343.36L

04

내화구조가 아닌 옥내저장소 450m²의 소요단위를 구하시오.

(1) 계산과정
(2) 답

소화설비 설치기준(위험물안전관리법 시행규칙 별표 17)
- 소요단위(연면적)

구분	외벽 내화구조	외벽 비내화구조
위험물제조소 취급소	100m²	50m²
위험물저장소	150m²	75m²

- 저장소 외벽이 비내화구조일 때 1소요단위는 75m²이므로 연면적 450m²의 소요단위는 다음과 같다.

$$\frac{450m^2}{75m^2} = 6소요단위$$

정답 (1) $\frac{450}{75} = 6$ (2) 6소요단위

05

금속칼륨이 다음 물질과 반응할 때 화학반응식을 쓰시오.

(1) 물
(2) 에틸알코올

---

(1) 칼륨과 물의 반응식
- $2K + 2H_2O \rightarrow 2KOH + H_2$
- 칼륨은 물과 반응하여 수산화칼륨과 수소를 생성한다.

(2) 칼륨과 에틸알코올의 반응식
- $2K + 2C_2H_5OH \rightarrow 2C_2H_5OK + H_2$
- 칼륨은 에틸알코올과 반응하여 칼륨에틸레이트와 수소를 생성한다.

정답 (1) $2K + 2H_2O \rightarrow 2KOH + H_2$
(2) $2K + 2C_2H_5OH \rightarrow 2C_2H_5OK + H_2$

06

위험물안전관리법령상 제4류 위험물 중 다음 품명의 인화점 범위를 1기압 기준으로 쓰시오.

(1) 제1석유류
(2) 제3석유류
(3) 제4석유류

> **제4류 위험물의 기준(위험물안전관리법 시행령 별표 1)**
> - "특수인화물"이라 함은 이황화탄소, 다이에틸에터 그 밖에 1기압에서 발화점이 섭씨 100도 이하인 것 또는 인화점이 섭씨 영하 20도 이하이고 비점이 섭씨 40도 이하인 것을 말한다.
> - "제1석유류"라 함은 아세톤, 휘발유 그 밖에 1기압에서 인화점이 섭씨 21도 미만인 것을 말한다.
> - "알코올류"라 함은 1분자를 구성하는 탄소원자의 수가 1개부터 3개까지인 포화1가 알코올(변성알코올을 포함한다)을 말한다.
> - "제2석유류"라 함은 등유, 경유 그 밖에 1기압에서 인화점이 섭씨 21도 이상 70도 미만인 것을 말한다. 다만, 도료류 그 밖의 물품에 있어서 가연성 액체량이 40중량퍼센트 이하이면서 인화점이 섭씨 40도 이상인 동시에 연소점이 섭씨 60도 이상인 것은 제외한다.
> - "제3석유류"란 중유, 크레오소트유, 그 밖에 1기압에서 인화점이 섭씨 70도 이상 섭씨 200도 미만인 것을 말한다. 다만, 도료류 그 밖의 물품은 가연성 액체량이 40중량퍼센트 이하인 것은 제외한다.
> - "제4석유류"란 기어유, 실린더유 그 밖에 1기압에서 인화점이 섭씨 200도 이상 섭씨 250도 미만의 것을 말한다. 다만 도료류 그 밖의 물품은 가연성 액체량이 40중량퍼센트 이하인 것은 제외한다.
> - "동식물유류"라 함은 동물의 지육 등 또는 식물의 종자나 과육으로부터 추출한 것으로서 1기압에서 인화점이 섭씨 250도 미만인 것을 말한다.

정답
(1) 섭씨 21도 미만인 것
(2) 섭씨 70도 이상 섭씨 200도 미만인 것
(3) 섭씨 200도 이상 섭씨 250도 미만의 것

07 빈출

다음과 같이 종으로 설치한 원통형 탱크의 내용적(m^3)을 구하시오. (단, r = 10m, l = 25m)

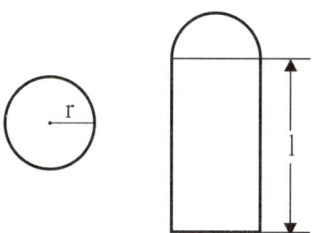

> **종으로 설치한 원형 탱크의 내용적**
> $V = \pi r^2 l$
> $= \pi \times 10^2 \times 25 = 7,850 m^3$

정답 $7,850 m^3$

08

다음 위험물의 구조식을 나타내시오.

(1) 트라이나이트로페놀
(2) 트라이나이트로톨루엔

구분	트라이나이트로페놀(피크린산)	트라이나이트로톨루엔(TNT)
품명	나이트로화합물	나이트로화합물
분자식	$C_6H_2(NO_2)_3OH$	$C_6H_2(NO_2)_3CH_3$
구조식	(OH기에 O_2N 세 개 치환된 벤젠 구조)	(CH₃기에 O_2N 세 개 치환된 벤젠 구조)
특징	페놀의 수산기(OH)에 세 개의 나이트로(NO_2) 그룹이 치환된 구조	톨루엔의 메틸 그룹(CH_3)에 세 개의 나이트로(NO_2) 그룹이 치환된 구조

정답
(1) 2,4,6-트라이나이트로페놀 구조식 (OH, O_2N, NO_2, NO_2)
(2) 2,4,6-트라이나이트로톨루엔 구조식 (CH_3, O_2N, NO_2, NO_2)

09

위험물안전관리법상 경보설비의 종류를 3가지 쓰시오.

경보설비의 종류(위험물안전관리법 시행규칙 제42조 제2항)
- 자동화재탐지설비
- 자동화재속보설비
- 비상경보설비(비상벨장치 또는 경종 포함)
- 확성장치(휴대용확성기 포함)
- 비상방송설비

정답 자동화재탐지설비, 자동화재속보설비, 비상경보설비, 확성장치, 비상방송설비 중 3가지

10

제3류 위험물인 칼륨에 대하여 다음 물음에 답하시오.

(1) 연소반응식
(2) 물과의 반응식
(3) 이산화탄소와의 반응식

(1) 칼륨의 연소반응식
- $4K + O_2 \rightarrow 2K_2O$
- 칼륨은 연소하여 산화칼륨을 생성한다.
(2) 칼륨과 물의 반응식
- $2K + 2H_2O \rightarrow 2KOH + H_2$
- 칼륨은 물과 반응하여 수산화칼륨과 수소를 생성한다.
(3) 칼륨과 이산화탄소의 반응식
- $4K + 3CO_2 \rightarrow 2K_2CO_3 + C$
- 칼륨은 이산화탄소와 반응하여 탄산칼륨과 탄소를 생성한다.

정답
(1) $4K + O_2 \rightarrow 2K_2O$
(2) $2K + 2H_2O \rightarrow 2KOH + H_2$
(3) $4K + 3CO_2 \rightarrow 2K_2CO_3 + C$

11

산화프로필렌 200L, 클로로벤젠 1,000L, 아세트산 4,000L를 저장하고 있을 경우 각각의 지정수량 배수의 합계는 얼마인지 구하시오.

(1) 계산과정
(2) 답

- 위험물별 지정수량

위험물	품명	지정수량
산화프로필렌	특수인화물	50L
클로로벤젠	제2석유류(비수용성)	1,000L
아세트산	제2석유류(수용성)	2,000L

- 지정수량 배수 = $\dfrac{저장량}{지정수량}$

- 지정수량 배수의 합계 = $\dfrac{200L}{50L} + \dfrac{1,000L}{1,000L} + \dfrac{4,000L}{2,000L} = 7배$

정답
(1) [해설참조]
(2) 7배

12 ★빈출

다음 위험물을 저장하는 제조소등에 게시하여야 하는 주의사항 게시판의 종류를 쓰시오. (단, 해당하지 않으면 "없음"이라 쓰시오.)

(1) 질산칼륨
(2) 나이트로글리세린
(3) 질산

위험물 유별 운반용기 외부 주의사항과 게시판(위험물안전관리법 시행규칙 별표 4, 별표 19)

유별	종류	운반용기 외부 주의사항	게시판
제1류	알칼리금속의 과산화물	가연물접촉주의, 화기·충격주의, 물기엄금	물기엄금
	그 외	가연물접촉주의, 화기·충격주의	-
제2류	철분, 금속분, 마그네슘	화기주의, 물기엄금	화기주의
	인화성 고체	화기엄금	화기엄금
	그 외	화기주의	화기주의
제3류	자연발화성 물질	화기엄금, 공기접촉엄금	화기엄금
	금수성 물질	물기엄금	물기엄금
제4류	-	화기엄금	화기엄금
제5류	-	화기엄금, 충격주의	화기엄금
제6류	-	가연물접촉주의	-

(1) 질산칼륨: 제1류 위험물 중 알칼리금속의 과산화물 외의 위험물이므로 게시판 기입사항이 없다.
(2) 나이트로글리세린: 제5류 위험물로 화기엄금을 기입한다.
(3) 질산: 제6류 위험물로 게시판 기입사항이 없다.

정답 (1) 없음 (2) 화기엄금 (3) 없음

13

황이 다음 물질과 반응하였을 때 화학반응식을 쓰시오.

(1) 산소
(2) 수소(고온에서 반응)

(1) 황의 연소반응식
  • $S + O_2 \rightarrow SO_2$
  • 황은 산소와 반응하여 이산화황을 생성한다.
(2) 황과 수소의 반응식(고온에서 반응)
  • $S + H_2 \rightarrow H_2S$
  • 황은 수소와 반응하여 황화수소를 생성한다.

정답 (1) $S + O_2 \rightarrow SO_2$
(2) $S + H_2 \rightarrow H_2S$

14

제4류 위험물 중 위험등급 Ⅲ등급에 해당하는 위험물의 품명을 모두 쓰시오.

제4류 위험물(인화성 액체)

등급	품명		지정수량(L)
Ⅰ	특수인화물	비수용성	50
		수용성	
Ⅱ	제1석유류	비수용성	200
		수용성	400
	알코올류		
Ⅲ	제2석유류	비수용성	1,000
		수용성	2,000
	제3석유류	비수용성	
		수용성	4,000
	제4석유류		6,000
	동식물유류		10,000

정답 제2석유류, 제3석유류, 제4석유류, 동식물유류

15

다음 [보기]의 위험물 중 에터에 녹고 비수용성인 물질을 모두 고르시오. (단, 없으면 "없음"이라 쓰시오.)

──[보기]──
이황화탄소, 아세트알데하이드, 아세톤, 스타이렌, 클로로벤젠

위험물	품명	수용성 여부
이황화탄소	특수인화물	비수용성
아세트알데하이드	특수인화물	수용성
아세톤	제1석유류	수용성
스타이렌	제2석유류	비수용성
클로로벤젠	제2석유류	비수용성

정답 이황화탄소, 스타이렌, 클로로벤젠

16

에틸알코올에 대하여 다음 물음에 답하시오.

(1) 한 번 산화되어 생성되는 특수인화물의 명칭
(2) 두 번 산화되어 생성되는 제2석유류의 명칭
(3) (2)의 완전연소반응식

> **에틸알코올의 산화**
> - $C_2H_5OH + [O] \rightarrow CH_3CHO + H_2O$
>   에틸알코올이 한 번 산화되면 산화제로 인해 한 개의 수소 원자가 제거되어 아세트알데하이드(CH_3CHO)라는 특수인화물이 생성된다.
> - $CH_3CHO + [O] \rightarrow CH_3COOH$
>   아세트알데하이드가 한 번 더 산화되면 더 많은 산소가 반응에 참여해 아세트산(CH_3COOH)이 생성된다. 아세트산은 제2석유류로 분류된다.
> - 아세트산의 완전연소반응식: $CH_3COOH + 2O_2 \rightarrow 2CO_2 + 2H_2O$
>   아세트산은 완전연소하여 이산화탄소와 물을 생성한다.

정답 (1) 아세트알데하이드
(2) 아세트산
(3) $CH_3COOH + 2O_2 \rightarrow 2CO_2 + 2H_2O$

17

제2종 분말 소화약제의 분해반응식을 쓰시오.

분말 소화약제의 종류

약제명	주성분	분해식	색상	적응화재
제1종	탄산수소나트륨	$2NaHCO_3 \rightarrow Na_2CO_3 + CO_2 + H_2O$	백색	BC
제2종	탄산수소칼륨	$2KHCO_3 \rightarrow K_2CO_3 + CO_2 + H_2O$	보라색 (담회색)	BC
제3종	인산암모늄	1차: $NH_4H_2PO_4 \rightarrow NH_3 + H_3PO_4$ 2차: $NH_4H_2PO_4 \rightarrow NH_3 + HPO_3 + H_2O$	담홍색	ABC
제4종	탄산수소칼륨 + 요소	-	회색	BC

정답 $2KHCO_3 \rightarrow K_2CO_3 + CO_2 + H_2O$

18 빈출

다음 위험물이 물과 반응하여 생성되는 기체의 명칭을 쓰시오. (단, 해당하지 않으면 "없음"으로 쓰시오.)

(1) 수소화칼슘
(2) 황린
(3) 트라이에틸알루미늄
(4) 트라이메틸알루미늄
(5) 리튬

> (1) 수소화칼슘과 물의 반응식
>   • $CaH_2 + 2H_2O \rightarrow Ca(OH)_2 + 2H_2$
>   • 수소화칼슘은 물과 반응하여 수산화칼슘과 수소를 생성한다.
> (2) 황린은 물과 반응하지 않는다.
> (3) 트라이에틸알루미늄과 물의 반응식
>   • $(C_2H_5)_3Al + 3H_2O \rightarrow Al(OH)_3 + 3C_2H_6$
>   • 트라이에틸알루미늄은 물과 반응하여 수산화알루미늄과 에탄을 생성한다.
> (4) 트라이메틸알루미늄과 물의 반응식
>   • $(CH_3)_3Al + 3H_2O \rightarrow Al(OH)_3 + 3CH_4$
>   • 트라이메틸알루미늄은 물과 반응하여 수산화알루미늄과 메탄을 생성한다.
> (5) 리튬과 물의 반응식
>   • $2Li + 2H_2O \rightarrow 2LiOH + H_2$
>   • 리튬은 물과 반응하여 수산화리튬과 수소를 생성한다.

정답 (1) 수소 (2) 없음 (3) 에탄 (4) 메탄 (5) 수소

19

제6류 위험물 중 질산에 대하여 다음 물음에 답하시오.

(1) 분해반응식
(2) 분해 시 발생하는 유독성 기체의 명칭

> 질산의 분해반응식
>   • $4HNO_3 \rightarrow 2H_2O + 4NO_2 + O_2$
>   • 질산은 완전분해하여 산소, 물, 이산화질소를 생성하며, 이때 이산화질소는 유독성 기체이다.

정답 (1) $4HNO_3 \rightarrow 2H_2O + 4NO_2 + O_2$
(2) 이산화질소

20

제4류 위험물 중 아세톤에 대하여 다음 물음에 답하시오.

(1) 화학식
(2) 품명
(3) 증기비중

아세톤 - 제4류 위험물					
품명	지정수량	화학식	분자량	물리적 상태	증기비중
제1석유류(수용성)	400L	CH_3COCH_3	58 (C 원자량: 12, H 원자량: 1, O 원자량: 16)	상온에서 무색의 휘발성 액체	$\dfrac{\text{아세톤의 분자량}}{\text{공기의 평균 분자량}} = \dfrac{58}{29} = 2$ (공기의 평균 분자량: 29)

정답 (1) CH_3COCH_3
(2) 제1석유류(수용성)
(3) 2

2022 제2회 실기[필답형] 기출복원문제

01

다음은 위험물안전관리법령에서 정한 탱크 용적 산정기준에 관한 내용이다. 빈칸에 알맞은 수치를 쓰시오.

- 위험물을 저장 또는 취급하는 탱크의 용량은 당해 탱크 내용적에서 공간용적을 뺀 용적으로 한다.
- 탱크의 공간용적은 탱크의 내용적의 100분의 (①) 이상 100분의 (②) 이하의 용적으로 한다. 다만, 소화설비(소화약제 방출구를 탱크 안의 윗부분에 설치하는 것에 한한다)를 설치하는 탱크의 공간용적은 해당 소화설비의 소화약제 방출구 아래의 (③)미터 이상 (④)미터 미만 사이의 면으로부터 윗부분의 용적으로 한다.

> 탱크 용적의 산정기준(위험물안전관리법 시행규칙 제5조, 위험물안전관리에 관한 세부기준 제25조)
> - 위험물을 저장 또는 취급하는 탱크의 용량은 당해 탱크 내용적에서 공간용적을 뺀 용적으로 한다.
> - 탱크의 공간용적은 탱크의 내용적의 100분의 5 이상 100분의 10 이하의 용적으로 한다. 다만, 소화설비(소화약제 방출구를 탱크 안의 윗부분에 설치하는 것에 한한다)를 설치하는 탱크의 공간용적은 당해 소화설비의 소화약제 방출구 아래의 0.3미터 이상 1미터 미만 사이의 면으로부터 윗부분의 용적으로 한다.

정답 ① 5 ② 10 ③ 0.3 ④ 1

02

제4류 위험물 중 위험등급이 II등급에 해당하는 위험물의 품명 2가지를 쓰시오.

제4류 위험물(인화성 액체)

등급	품명		지정수량(L)	위험물
II	제1석유류	비수용성	200	휘발유
				메틸에틸케톤
				톨루엔
				벤젠
		수용성	400	사이안화수소
				아세톤
				피리딘
	알코올류			메틸알코올
				에틸알코올

정답 제1석유류, 알코올류

03

이동탱크저장소의 구조에 대하여 빈칸에 들어갈 말을 쓰시오.

> - 탱크(맨홀 및 주입관의 뚜껑을 포함한다)는 두께 (①)mm 이상의 강철판 또는 이와 동등 이상의 강도·내식성 및 내열성이 있다고 인정하여 소방청장이 정하여 고시하는 재료 및 구조로 위험물이 새지 아니하게 제작할 것
> - 압력탱크(최대상용압력이 46.7kPa 이상인 탱크를 말한다) 외의 탱크는 (②)kPa의 압력으로, 압력탱크는 최대상용압력의 (③)배의 압력으로 각각 10분간의 수압시험을 실시하여 새거나 변형되지 아니할 것. 이 경우 수압시험은 용접부에 비파괴시험과 기밀시험으로 대신할 수 있다.
> - 이동저장탱크는 그 내부에 (④)L 이하마다 (⑤)mm 이상의 강철판 또는 이와 동등 이상의 강도·내열성 및 내식성이 있는 금속성의 것으로 칸막이를 설치하여야 한다.

이동저장탱크의 구조(위험물안전관리법 시행규칙 별표 10)
- 탱크(맨홀 및 주입관의 뚜껑을 포함한다)는 두께 3.2mm 이상의 강철판 또는 이와 동등 이상의 강도·내식성 및 내열성이 있다고 인정하여 소방청장이 정하여 고시하는 재료 및 구조로 위험물이 새지 아니하게 제작할 것
- 압력탱크(최대상용압력이 46.7kPa 이상인 탱크를 말한다) 외의 탱크는 70kPa의 압력으로, 압력탱크는 최대상용압력의 1.5배의 압력으로 각각 10분간의 수압시험을 실시하여 새거나 변형되지 아니할 것. 이 경우 수압시험은 용접부에 대한 비파괴시험과 기밀시험으로 대신할 수 있다.
- 이동저장탱크는 그 내부에 4,000L 이하마다 3.2mm 이상의 강철판 또는 이와 동등 이상의 강도·내열성 및 내식성이 있는 금속성의 것으로 칸막이를 설치하여야 한다.

정답 ① 3.2 ② 70 ③ 1.5 ④ 4,000 ⑤ 3.2

04 빈출

다음 할론 소화약제에 대하여 알맞은 할론번호를 쓰시오.

(1) CF_3Br
(2) CF_2ClBr
(3) $C_2F_4Br_2$

할론명명법
C, F, Cl, Br 순으로 원소의 개수를 나열한다. 탄소(C)는 네 개의 결합을 가지므로, 할론 구조식에서 탄소에 결합된 할로겐(할로젠) 원자의 개수가 부족할 경우 나머지 결합은 수소(H)로 채워진다.
(1) CF_3Br = Halon 1301
(2) CF_2ClBr = Halon 1211
(3) $C_2F_4Br_2$ = Halon 2402

정답 (1) 1301 (2) 1211 (3) 2402

05 ★빈출

다음 [보기]의 위험물을 건성유, 반건성유, 불건성유로 구분하여 쓰시오.

――――――――――――――[보기]――――――――――――――
아마인유, 들기름, 참기름, 야자유, 동유

동식물유류 - 제4류 위험물

구분	아이오딘 값	종류
건성유	130 이상	대구유, 정어리유, 상어유, 해바라기유, 동유, 아마인유, 들기름
반건성유	100 초과 130 미만	면실유, 청어유, 쌀겨유, 옥수수유, 채종유, 참기름, 콩기름
불건성유	100 이하	소기름, 돼지기름, 고래기름, 올리브유, 팜유, 땅콩기름, 피마자유, 야자유

정답
건성유: 아마인유, 들기름, 동유
반건성유: 참기름
불건성유: 야자유

06 ★빈출

탄산가스 1kg을 표준상태에서 소화기로 방출할 경우 차지하는 체적은 몇 L인지 구하시오. (단, 표준상태를 기준으로 한다.)
(1) 계산과정
(2) 답

이상기체 방정식을 이용하여 탄산가스의 부피를 구하기 위해 $PV = \dfrac{wRT}{M}$의 식을 사용한다.

$V = \dfrac{wRT}{MP} = \dfrac{1{,}000g \times 0.082 \times 273K}{44g/mol \times 1} = 508.77L$

- P: 압력(1atm)
- w: 질량(g) → 1,000g = 1kg
- V: 부피(L)
- M: 분자량(g/mol) → CO_2의 분자량 = 12 + (16 × 2) = 44g/mol (C 원자량: 12, O 원자량: 16)
- n: 몰수(mol)
- R: 기체상수(0.082L · atm/mol · K)
- T: 절대온도(K, 절대온도로 변환하기 위해 273을 더한다) → 0 + 273 = 273K
- 표준상태: 0℃, 1기압에서 1mol의 부피 22.4L

정답 (1) [해설참조] (2) 508.77L

07

다음은 알코올류에 관한 정의 중에서 알코올류에서 제외되는 기준이다. 빈칸에 알맞은 말을 쓰시오.

- 1분자를 구성하는 탄소원자의 수가 (①)개 내지 (②)개의 포화(③)가 알코올의 함유량이 (④)중량퍼센트 미만인 수용액
- 가연성 액체량이 (⑤)중량퍼센트 미만이고 인화점 및 연소점이 에틸알코올 (⑤)중량퍼센트 수용액의 인화점 및 연소점을 초과하는 것

알코올류의 정의(위험물안전관리법 시행령 별표 1)
"알코올류"라 함은 1분자를 구성하는 탄소원자의 수가 1개부터 3개까지인 포화1가 알코올(변성알코올을 포함한다)을 말한다. 다만, 다음의 1에 해당하는 것은 제외한다.
- 1분자를 구성하는 탄소원자의 수가 1개 내지 3개의 포화1가 알코올의 함유량이 60중량퍼센트 미만인 수용액
- 가연성 액체량이 60중량퍼센트 미만이고 인화점 및 연소점이 에틸알코올 60중량퍼센트 수용액의 인화점 및 연소점을 초과하는 것

정답 ① 1 ② 3 ③ 1 ④ 60 ⑤ 60

08

크실렌의 이성질체 3가지에 대한 명칭을 쓰고 구조식으로 나타내시오.

크실렌[$C_6H_4(CH_3)_2$] – 제4류 위험물
- 품명: 제2석유류(비수용성)
- 크실렌의 이성질체

명칭	o-크실렌	m-크실렌	p-크실렌
구조식	(CH₃, CH₃ ortho 위치)	(CH₃, CH₃ meta 위치)	(CH₃, CH₃ para 위치)

정답

o-크실렌	m-크실렌	p-크실렌
ortho 구조식	meta 구조식	para 구조식

09

[보기]에서 설명하는 제2류 위험물에 대하여 다음 물음에 답하시오.

---[보기]---
- 제2족 원소이다.
- 은백색의 무른 경금속이다.
- 비중 1.74, 녹는점 650℃

(1) 연소반응식
(2) 물과의 반응식

(1) 마그네슘의 연소반응식
  - $2Mg + O_2 \rightarrow 2MgO$
  - 마그네슘은 연소하여 산화마그네슘을 생성한다.
(2) 마그네슘과 물의 반응식
  - $Mg + 2H_2O \rightarrow Mg(OH)_2 + H_2$
  - 마그네슘은 물과 반응하여 수산화마그네슘과 수소를 발생한다.

정답
(1) $2Mg + O_2 \rightarrow 2MgO$
(2) $Mg + 2H_2O \rightarrow Mg(OH)_2 + H_2$

10

표준상태에서 아세톤 1kg이 완전연소하기 위해 필요한 공기의 부피는 몇 m³인지 구하시오. (단, 표준상태를 기준으로 한다.)

(1) 계산과정
(2) 답

- 이상기체 방정식을 이용하여 산소의 부피를 구하기 위해 $PV = \dfrac{wRT}{M}$의 식을 사용한다.
- 아세톤의 연소반응식은 $CH_3COCH_3 + 4O_2 \rightarrow 3CO_2 + 3H_2O$로 아세톤과 산소는 1 : 4의 비율로 반응하며 산소의 부피는 21%이므로 다음과 같은 식이 된다.

$$V = \dfrac{wRT}{MP} = \dfrac{1 \times 0.082 \times 273}{58 \times 1} \times \dfrac{4}{1} \times \dfrac{1}{0.21} = 7.35 m^3$$

- P: 압력(1atm)
- w: 질량 → 1kg
- V: 부피(L)

- M: 분자량(kg/Kmol) → 아세톤(CH_3COCH_3)의 분자량 = 12 + (1 × 3) + 12 + 16 + 12 + (1 × 3) = 58kg/kmol
  (C 원자량: 12, H 원자량: 1, O 원자량: 16)
- n: 몰수(mol)
- R: 기체상수(0.082m^3 · atm/kmol · K)
- T: 절대온도(K, 절대온도로 변환하기 위해 273을 더한다) → 0 + 273 = 273K
- 표준상태: 0℃, 1기압에서 1mol의 부피 22.4L

정답 (1) [해설참조] (2) 7.35m^3

11 빈출

다음과 같은 위험물을 저장 및 취급할 경우 지정수량 배수의 총합을 구하시오.

- 다이에틸에터: 100L
- 이황화탄소: 150L
- 아세톤: 200L
- 휘발유: 400L

- 위험물별 지정수량

위험물	품명	지정수량
다이에틸에터	특수인화물	50L
이황화탄소	특수인화물	50L
아세톤	제1석유류(수용성)	400L
휘발유	제1석유류(비수용성)	200L

- 지정수량 배수 = $\dfrac{저장량}{지정수량}$

- 지정수량 배수의 총합 = $\dfrac{100L}{50L} + \dfrac{150L}{50L} + \dfrac{200L}{400L} + \dfrac{400L}{200L} = 7.5$배

정답 7.5배

12 빈출

위험물안전관리법령상 위험물제조소에 설치하는 주의사항 게시판의 바탕색과 글자색을 쓰시오.

(1) 인화성 고체
- 바탕색
- 글자색

(2) 금수성 물질
- 바탕색
- 글자색

• 위험물 유별 운반용기 외부 주의사항과 게시판(위험물안전관리법 시행규칙 별표 4, 별표 19)

유별	종류	운반용기 외부 주의사항	게시판
제1류	알칼리금속의 과산화물	가연물접촉주의, 화기·충격주의, 물기엄금	물기엄금
	그 외	가연물접촉주의, 화기·충격주의	-
제2류	철분, 금속분, 마그네슘	화기주의, 물기엄금	화기주의
	인화성 고체	화기엄금	화기엄금
	그 외	화기주의	화기주의
제3류	자연발화성 물질	화기엄금, 공기접촉엄금	화기엄금
	금수성 물질	물기엄금	물기엄금
제4류	-	화기엄금	화기엄금
제5류	-	화기엄금, 충격주의	화기엄금
제6류	-	가연물접촉주의	-

• 게시판 종류 및 바탕색과 문자색

종류	바탕색	문자색
위험물제조소등	백색	흑색
위험물	흑색	황색
주유 중 엔진정지	황색	흑색
화기엄금	적색	백색
물기엄금	청색	백색

정답 (1) 적색바탕, 백색문자 (2) 청색바탕, 백색문자

13

다음 위험물의 시성식과 지정수량을 쓰시오.

(1) 클로로벤젠
- 시성식
- 지정수량

(2) 톨루엔
- 시성식
- 지정수량

(3) 메틸알코올
- 시성식
- 지정수량

품명		위험물	시성식	지정수량(L)
제2석유류	비수용성	클로로벤젠	C_6H_5Cl	1,000
제1석유류	비수용성	톨루엔	$C_6H_5CH_3$	200
알코올류		메틸알코올	CH_3OH	400

정답 (1) C_6H_5Cl / 1,000L (2) $C_6H_5CH_3$ / 200L (3) CH_3OH / 400L

14

위험물안전관리법에 대하여 다음 물음에 알맞은 답을 쓰시오.

(1) 제조소등의 관계인은 정기점검을 연간 몇 회 이상 실시해야 하는지 쓰시오.

(2) 제조소등 설치자의 지위승계를 하여야 하는 경우를 모두 고르시오.
   ① 제조소등의 설치자가 사망한 경우
   ② 제조소등을 양도한 때
   ③ 법인인 제조소등의 설치자의 합병이 있을 때

(3) 제조소등의 폐지에 대하여 틀린 내용을 모두 고르시오.
   ① 폐지는 장래에 대하여 위험물 시설로서의 기능을 완전히 상실시키는 것을 말한다.
   ② 용도폐지는 제조소등의 관계인이 한다.
   ③ 시·도지사 신고 후 14일 이내 폐지한다.
   ④ 제조소등의 폐지에 필요한 서류는 용도폐지신청서, 완공검사합격확인증이다.

(1) 정기점검의 횟수(위험물안전관리법 시행규칙 제64조)
　제조소등의 관계인은 당해 제조소등에 대하여 연 1회 이상 정기점검을 실시하여야 한다.
(2) 제조소등 설치자의 지위승계(위험물안전관리법 제10조)
- 제조소등의 설치자가 사망하거나 그 제조소등을 양도·인도한 때 또는 법인인 제조소등의 설치자의 합병이 있는 때에는 그 상속인, 제조소등을 양수·인수한 자 또는 합병 후 존속하는 법인이나 합병에 의하여 설립되는 법인은 그 설치자의 지위를 승계한다.
- 민사집행법에 의한 경매, 「채무자 회생 및 파산에 관한 법률」에 의한 환가, 국세징수법·관세법 또는 「지방세징수법」에 따른 압류재산의 매각과 그 밖에 이에 준하는 절차에 따라 제조소등의 시설의 전부를 인수한 자는 그 설치자의 지위를 승계한다.
(3) 제조소등의 폐지(위험물안전관리법 제11조, 시행규칙 제23조)
- 제조소등의 관계인(소유자·점유자 또는 관리자를 말한다. 이하 같다)은 당해 제조소등의 용도를 폐지(장래에 대하여 위험물시설로서의 기능을 완전히 상실시키는 것을 말한다)한 때에는 행정안전부령이 정하는 바에 따라 제조소등의 용도를 폐지한 날부터 14일 이내에 시·도지사에게 신고하여야 한다.
- 제조소등의 용도폐지신고를 하려는 자는 신고서(전자문서로 된 신고서를 포함한다)에 제조소등의 완공검사합격확인증을 첨부하여 시·도지사 또는 소방서장에게 제출해야 한다.

정답 (1) 연 1회 이상 (2) ①, ②, ③ (3) ③

15

다음 [보기] 중 수용성 물질의 번호를 쓰시오.

[보기]
(1) 이소프로필알코올
(2) 이황화탄소
(3) 사이클로헥산
(4) 벤젠
(5) 아세톤
(6) 아세트산

위험물	품명	수용성 여부
이소프로필알코올	알코올류	수용성
이황화탄소	특수인화물	비수용성
사이클로헥산	제1석유류	비수용성
벤젠	제1석유류	비수용성
아세톤	제1석유류	수용성
아세트산	제2석유류	수용성

정답 (1), (5), (6)

16

다음 [보기] 중 제6류 위험물의 공통 특성이 아닌 것을 찾아 고치시오.

[보기]
(1) 산화성 액체이다.
(2) 유기화합물이다.
(3) 물에 잘 녹는다.
(4) 물보다 가볍다.
(5) 불연성이다.

> **제6류 위험물(산화성 액체)**
> - 대부분의 제6류 위험물은 무기화합물이다. 무기화합물이란 탄소 – 수소 결합을 기본으로 하지 않는 물질로, 제6류에 속하는 질산(HNO_3), 과산화수소(H_2O_2) 등은 모두 무기물질이다.
> - 제6류 위험물에 속하는 무기산류와 산화성 액체들은 대부분 물보다 비중이 크다.

정답 (2) 유기화합물이다. → 무기화합물이다.
(4) 물보다 가볍다. → 물보다 무겁다.

17

다음 분말 소화약제의 분해반응식을 쓰시오.

(1) 탄산수소나트륨
(2) 인산암모늄(2차)

분말 소화약제의 종류

약제명	주성분	분해식	색상	적응화재
제1종	탄산수소나트륨	$2NaHCO_3 \rightarrow Na_2CO_3 + CO_2 + H_2O$	백색	BC
제2종	탄산수소칼륨	$2KHCO_3 \rightarrow K_2CO_3 + CO_2 + H_2O$	보라색 (담회색)	BC
제3종	인산암모늄	1차: $NH_4H_2PO_4 \rightarrow NH_3 + H_3PO_4$ 2차: $NH_4H_2PO_4 \rightarrow NH_3 + HPO_3 + H_2O$	담홍색	ABC
제4종	탄산수소칼륨 + 요소	–	회색	BC

정답 (1) $2NaHCO_3 \rightarrow Na_2CO_3 + CO_2 + H_2O$
(2) $NH_4H_2PO_4 \rightarrow NH_3 + HPO_3 + H_2O$

18

다음 위험물의 시성식을 쓰시오.

(1) 트라이나이트로톨루엔
(2) 나이트로글리콜
(3) 질산메틸

(1) 트라이나이트로톨루엔: $C_6H_2(NO_2)_3CH_3$
  트라이나이트로톨루엔(TNT)은 톨루엔($C_6H_5CH_3$)의 수소 3개가 니트로기(NO_2)로 치환된 방향족 화합물이다.
(2) 나이트로글리콜: $C_2H_4(NO_3)_2$
  나이트로글리콜은 에틸렌글리콜($C_2H_4(OH)_2$)의 두 개의 하이드록시기(OH)가 질산기(NO_3)로 치환된 구조이다.
(3) 질산메틸: CH_3NO_3
  질산메틸은 메틸기(CH_3)와 질산기(NO_3)가 결합된 구조이다.

정답 (1) $C_6H_2(NO_2)_3CH_3$ (2) $C_2H_4(NO_3)_2$ (3) CH_3NO_3

19 ★빈출

다음 위험물의 완전연소반응식을 쓰시오.

(1) 삼황화인
(2) 오황화인

(1) 삼황화인의 완전연소반응식
  - $P_4S_3 + 8O_2 \rightarrow 2P_2O_5 + 3SO_2$
  - 삼황화인은 연소하여 오산화인과 이산화황을 생성한다.
(2) 오황화인의 완전연소반응식
  - $2P_2S_5 + 15O_2 \rightarrow 2P_2O_5 + 10SO_2$
  - 오황화인은 연소하여 오산화인과 이산화황을 생성한다.

정답 (1) $P_4S_3 + 8O_2 \rightarrow 2P_2O_5 + 3SO_2$
(2) $2P_2S_5 + 15O_2 \rightarrow 2P_2O_5 + 10SO_2$

20

다음 [보기]의 제4류 위험물을 발화점이 낮은 것부터 높은 순서대로 쓰시오.

---[보기]---
이황화탄소, 휘발유, 아세톤, 아세트알데하이드

위험물	품명	발화점(℃)
이황화탄소	특수인화물	90
휘발유	제1석유류(비수용성)	280 ~ 456
아세톤	제1석유류(수용성)	465
아세트알데하이드	특수인화물	약 175

정답 이황화탄소, 아세트알데하이드, 휘발유, 아세톤

CHAPTER 15
2022 제1회 실기[필답형] 기출복원문제

01

포름알데하이드의 원료로 사용되며 흡입 시 시신경을 마비시킬 수 있다. 인화점 11℃, 발화점 464℃인 제4류 위험물에 대하여 다음 물음에 답하시오.

(1) 위험물의 명칭
(2) 구조식

> 메틸알코올(CH_3OH) - 제4류 위험물
> - 메틸알코올은 흡입하거나 섭취할 경우 체내에서 알코올 탈수소효소에 의해 포름알데하이드로 변환된다. 포름알데하이드는 독성이 매우 강하며, 최종적으로 포름산이 되어 신경을 손상시키거나 시력을 잃게 할 수 있다.
> - 메틸알코올은 제4류 위험물 중 알코올류로 인화점이 11℃로 매우 낮아 쉽게 불이 붙고 발화점은 464℃이다.
> - 무색투명한 휘발성의 액체로 구조식은 $CH_3 - OH$이다.

정답 (1) 메틸알코올 (2)
```
   H
   |
H- C -O-H
   |
   H
```

02

아닐린에 대하여 다음 물음에 답하시오.

(1) 품명
(2) 지정수량
(3) 분자량

> 아닐린($C_6H_5NH_2$) - 제4류 위험물
> - 아닐린은 제4류 위험물 중 제3석유류(비수용성)로 분류되고 지정수량은 2,000L이다.
> - 아닐린의 분자량은 $(12 \times 6) + (1 \times 5) + 14 + (1 \times 2) = 93g/mol$이다.
>   (C 원자량: 12, H 원자량: 1, N 원자량: 14)

정답 (1) 제3석유류(비수용성)
       (2) 2,000L (3) 93g/mol

03

연소범위가 2 ~ 13%인 아세톤의 위험도를 구하시오.

(1) 계산과정
(2) 답

- 아세톤의 연소범위: 2 ~ 13%
- 위험도 = $\dfrac{\text{연소상한} - \text{연소하한}}{\text{연소하한}} = \dfrac{13 - 2}{2} = 5.5$

정답 (1) [해설참조] (2) 5.5

04

다이에틸에터에 대하여 다음 물음에 답하시오.

(1) 화학식
(2) 증기비중
(3) 연소범위

다이에틸에터($C_2H_5OC_2H_5$) - 제4류 위험물
- 다이에틸에터의 증기비중 = $\dfrac{(12 \times 2) + (1 \times 5) + 16 + (12 \times 2) + (1 \times 5)}{29}$ = 약 2.55
- 다이에틸에터와 같은 에터류는 공기 중에서 산소와 반응하여 시간이 지나면서 과산화물을 형성할 수 있는데, 과산화물은 폭발성이 매우 높으므로 안전한 처리를 위해 주기적으로 과산화물의 존재 여부를 확인해야 한다.
- 다이에틸에터의 연소범위는 1.9 ~ 48%이다.

정답 (1) $C_2H_5OC_2H_5$ (2) 2.55 (3) 1.9 ~ 48%

05 빈출

다음 할론 소화약제의 할론번호를 쓰시오.

(1) CF_3Br
(2) CH_2ClBr
(3) $C_2F_4Br_2$
(4) CF_2ClBr
(5) CCl_4

> **할론명명법**
> C, F, Cl, Br 순으로 원소의 개수를 나열한다. 탄소(C)는 네 개의 결합을 가지므로, 할론 구조식에서 탄소에 결합된 할로겐(할로젠) 원자의 개수가 부족할 경우 나머지 결합은 수소(H)로 채워진다.
> (1) CF_3Br = Halon 1301
> (2) CH_2ClBr = Halon 1011
> (3) $C_2F_4Br_2$ = Halon 2402
> (4) CF_2ClBr = Halon 1211
> (5) CCl_4 = Halon 104

정답 (1) 1301 (2) 1011 (3) 2402 (4) 1211 (5) 104

06

이동탱크저장소에 의한 위험물 운송 시 준수해야 하는 사항을 알맞게 쓰시오.

> 위험물운송자는 장거리(고속국도에 있어서는 (①)km 이상, 그 밖의 도로에 있어서는 (②)km 이상을 말한다)에 걸치는 운송을 하는 때에는 2명 이상의 운전자로 할 것. 다만, 다음의 1에 해당하는 경우에는 그러하지 아니하다.
> • (③)를 동승시키는 경우
> • 운송하는 위험물이 (④) 위험물·제3류 위험물(칼슘 또는 알루미늄의 탄화물과 이것만을 함유한 것에 한한다) 또는 제4류 위험물(특수인화물을 제외한다)인 경우
> • 운송도중에 (⑤) 이상씩 휴식하는 경우

이동탱크저장소에 의한 위험물의 운송 시 준수하여야 하는 기준(위험물안전관리법 시행규칙 별표 21)
위험물운송자는 장거리(고속국도에 있어서는 340km 이상, 그 밖의 도로에 있어서는 200km 이상을 말한다)에 걸치는 운송을 하는 때에는 2명 이상의 운전자로 할 것. 다만, 다음의 1에 해당하는 경우에는 그러하지 아니하다.
- 운송책임자를 동승시킨 경우
- 운송하는 위험물이 제2류 위험물·제3류 위험물(칼슘 또는 알루미늄의 탄화물과 이것만을 함유한 것에 한한다) 또는 제4류 위험물(특수인화물을 제외한다)인 경우
- 운송도중에 2시간 이내마다 20분 이상씩 휴식하는 경우

정답 ① 340 ② 200 ③ 운송책임자
④ 제2류 ⑤ 2시간 이내마다 20분

07

제1류 위험물 중 과산화칼륨이 다음 물질과 반응할 때 화학반응식을 쓰시오.

(1) 물
(2) 이산화탄소

(1) 과산화칼륨과 물의 반응식
- $2K_2O_2 + 2H_2O \rightarrow 4KOH + O_2$
- 과산화칼륨은 물과 반응하여 수산화칼륨과 산소를 발생한다.
(2) 과산화칼륨과 이산화탄소의 반응식
- $2K_2O_2 + 2CO_2 \rightarrow 2K_2CO_3 + O_2$
- 과산화칼륨은 이산화탄소와 반응하여 탄산칼륨과 산소를 발생한다.

정답 (1) $2K_2O_2 + 2H_2O \rightarrow 4KOH + O_2$
(2) $2K_2O_2 + 2CO_2 \rightarrow 2K_2CO_3 + O_2$

08

마그네슘에 대하여 다음 물음에 답하시오.

(1) 완전연소반응식
(2) 마그네슘 1mol이 반응할 때, 필요한 산소의 부피(L)를 구하시오. (단, 표준상태를 기준으로 한다.)

(1) 마그네슘의 완전연소반응식
- $2Mg + O_2 \rightarrow 2MgO$
- 마그네슘은 연소하여 산화마그네슘을 생성한다.

(2) 필요한 산소의 부피(L)
- 이상기체 방정식을 이용하여 산소의 부피를 구하기 위해 PV = nRT의 식을 사용한다.
- (1)의 반응식에서 마그네슘과 산소는 2 : 1의 비율로 반응하므로 다음과 같은 식이 된다.

$V = \dfrac{nRT}{P} = \dfrac{1mol \times 0.082 \times 273K}{1} \times \dfrac{1}{2} = 11.19L$

- P: 압력(1atm)
- V: 부피(L)
- n: 몰수(mol)
- R: 기체상수(0.082L · atm/mol · K)
- T: 절대온도(K, 절대온도로 변환하기 위해 273을 더한다) → 0 + 273 = 273K
- 표준상태: 0℃, 1기압에서 1mol의 부피 22.4L

정답 (1) $2Mg + O_2 \rightarrow 2MgO$ (2) 11.19L

09 빈출

다음 그림과 같은 원통형 위험물 저장탱크의 내용적은 몇 m³인지 구하시오.

(1) 계산과정
(2) 답

횡으로 설치한 원통형 탱크의 내용적

$V = \pi r^2 (l + \dfrac{l_1 + l_2}{3})(1 - 공간용적)$

= 원의 면적 × (가운데 체적길이 + $\dfrac{양끝 체적길이 합}{3}$) × (1 - 공간용적)

= $\pi \times 1^2 \times (3 + \dfrac{1.5 + 1.5}{3}) = 12.57m^3$

정답 (1) [해설참조] (2) 12.57m³

10

제6류 위험물에 적응성이 있는 소화설비를 다음에서 모두 골라 번호를 쓰시오.

> ① 옥내소화전설비
> ② 불활성 가스 소화설비
> ③ 할로겐(할로젠)화합물 소화설비
> ④ 탄산수소염류 등의 분말 소화설비
> ⑤ 포 소화설비

소화설비의 기준(위험물안전관리법 시행규칙 별표 17)

소화설비의 구분			건축물·그 밖의 공작물	전기설비	제1류 위험물		제2류 위험물			제3류 위험물		제4류 위험물	제5류 위험물	제6류 위험물
					알칼리금속 과산화물 등	그 밖의 것	철분·금속분·마그네슘 등	인화성 고체	그 밖의 것	금수성 물질	그 밖의 것			
옥내소화전 또는 옥외소화전설비			○			○		○	○		○		○	○
물분무등소화설비	물분무소화설비		○	○		○		○	○		○	○	○	○
	포 소화설비		○			○		○	○		○	○	○	○
	불활성 가스 소화설비			○				○				○		
	할로젠화합물 소화설비			○				○				○		
	분말 소화설비	인산염류등	○	○		○		○				○		○
		탄산수소염류 등		○	○		○	○		○		○		
		그 밖의 것			○		○			○				

보기 중 제6류 위험물에 적응성이 있는 소화설비는 옥내소화전설비와 포 소화설비이다.

정답 ①, ⑤

11

120℃, 1기압에서 나트륨 1kg이 물과 반응할 때 다음 물음에 답하시오.

(1) 화학반응식
(2) 발생하는 기체의 부피(m^3)

(1) 나트륨과 물의 반응식
  - $2Na + 2H_2O \rightarrow 2NaOH + H_2$
  - 나트륨은 물과 반응하여 수산화나트륨과 수소를 발생한다.
(2) 발생하는 기체의 부피
  - 이상기체 방정식을 이용하여 수소의 부피를 구하기 위해 $PV = \dfrac{wRT}{M}$의 식을 사용한다.
  - (1)의 반응식에서 나트륨과 수소는 2 : 1의 비율로 반응하므로 다음과 같은 식이 된다.

  $V = \dfrac{wRT}{MP} = \dfrac{1kg \times 0.082 \times 393K}{1 \times 23kg/kmol} \times \dfrac{1}{2} = 0.7m^3$

  - P: 압력(1atm)
  - w: 질량 → 1kg
  - M: 분자량 → 나트륨(Na)의 분자량 = 23kg/kmol
  - V: 부피(L)
  - n: 몰수(mol)
  - R: 기체상수($0.082m^3 \cdot atm/kmol \cdot K$)
  - T: 절대온도(K, 절대온도로 변환하기 위해 273을 더한다) → 120 + 273 = 393K

 정답 (1) $2Na + 2H_2O \rightarrow 2NaOH + H_2$
(2) $0.7m^3$

12

햇빛에 의해 4mol의 질산이 완전분해하여 산소 1mol을 발생하였다. 다음 물음에 답하시오.

(1) 화학반응식
(2) 발생하는 유독성 기체의 명칭

질산의 분해반응식
- $4HNO_3 \rightarrow 2H_2O + 4NO_2 + O_2$
- 질산은 완전분해하여 물, 이산화질소, 산소를 생성하며, 이때 이산화질소(NO_2)는 유독성의 기체이다.

 정답 (1) $4HNO_3 \rightarrow 2H_2O + 4NO_2 + O_2$
(2) 이산화질소

13

적린에 대하여 다음 물음에 답하시오.

(1) 완전연소반응식
(2) 발생 기체의 명칭

> **적린의 완전연소반응식**
> - $4P + 5O_2 \rightarrow 2P_2O_5$
> - 적린은 산소와 반응하여 오산화인을 발생한다.

정답 (1) $4P + 5O_2 \rightarrow 2P_2O_5$
(2) 오산화인

14

에틸알코올에 대하여 다음 물음에 답하시오.

(1) 한 번 산화되어 생성되는 특수인화물의 명칭
(2) 두 번 산화되어 생성되는 제2석유류의 명칭
(3) (2)의 완전연소반응식

> **에틸알코올(C_2H_5OH)의 산화**
> - $C_2H_5OH + [O] \rightarrow CH_3CHO + H_2O$
>   에틸알코올이 한 번 산화되면 산화제로 인해 한 개의 수소 원자가 제거되어 아세트알데하이드(CH_3CHO)라는 특수인화물이 생성된다.
> - $CH_3CHO + [O] \rightarrow CH_3COOH$
>   아세트알데하이드가 한 번 더 산화되면 더 많은 산소가 반응에 참여해 아세트산(CH_3COOH)이 생성된다. 아세트산은 제2석유류로 분류된다.
> - 아세트산의 완전연소반응식: $CH_3COOH + 2O_2 \rightarrow 2CO_2 + 2H_2O$
>   아세트산은 완전연소하여 이산화탄소와 물을 생성한다.

정답 (1) 아세트알데하이드
(2) 아세트산
(3) $CH_3COOH + 2O_2 \rightarrow 2CO_2 + 2H_2O$

15

[보기]에서 물보다 무겁고 비수용성인 물질을 모두 선택하여 쓰시오. (단, 해당하는 물질이 없으면 "없음"이라 쓰시오.)

―――――――[보기]―――――――
아세트산, 나이트로벤젠, 글리세린, 에틸렌글리콜, 이황화탄소, 클로로벤젠

위험물	품명	수용성 여부	비중
아세트산	제2석유류	수용성	1.05
나이트로벤젠	제3석유류	비수용성	1.218
글리세린	제3석유류	수용성	1.26
에틸렌글리콜	제3석유류	수용성	1.113
이황화탄소	특수인화물	비수용성	1.26
클로로벤젠	제2석유류	비수용성	1.1

• 물의 비중 1보다 비중이 크고 비수용성인 물질을 선택한다.

정답 나이트로벤젠, 이황화탄소, 클로로벤젠

16

다음 위험물의 지정수량 배수의 총합을 구하시오.

- 등유: 40,000L
- 경유: 4,000L
- 중유: 4,000L
- 톨루엔: 2,000L

• 위험물별 지정수량

위험물	품명	지정수량
등유	제2석유류(비수용성)	1,000L
경유	제2석유류(비수용성)	1,000L
중유	제3석유류(비수용성)	2,000L
톨루엔	제1석유류(비수용성)	200L

• 지정수량 배수 = $\dfrac{저장량}{지정수량}$

• 지정수량 배수의 총합 = $\dfrac{40,000L}{1,000L} + \dfrac{4,000L}{1,000L} + \dfrac{4,000L}{2,000L} + \dfrac{2,000L}{200L}$ = 56배

정답 56배

17 빈출

탄화알루미늄에 대하여 다음 물음에 답하시오.
(1) 물과의 화학반응식
(2) 발생 기체의 명칭

> **탄화알루미늄과 물의 반응식**
> - $Al_4C_3 + 12H_2O \rightarrow 4Al(OH)_3 + 3CH_4$
> - 탄화알루미늄은 물과 반응하여 수산화알루미늄과 메탄을 생성한다.

정답 (1) $Al_4C_3 + 12H_2O \rightarrow 4Al(OH)_3 + 3CH_4$
(2) 메탄(CH_4)

18

위험물안전관리법령상 이동저장탱크의 구조에 대하여 빈칸에 들어갈 알맞은 말을 쓰시오.

> - 이동저장탱크는 그 내부에 (①)L 이하마다 (②)mm 이상의 강철판 또는 이와 동등 이상의 강도·내열성 및 내식성이 있는 금속성의 것으로 칸막이를 설치하여야 한다. 다만, 고체인 위험물을 저장하거나 고체인 위험물을 가열하여 액체 상태로 저장하는 경우에는 그러하지 아니하다.
> - 제2호의 규정에 의한 칸막이로 구획된 각 부분마다 맨홀과 다음 각 목의 기준에 의한 안전장치 및 방파판을 설치하여야 한다. 다만, 칸막이로 구획된 부분의 용량이 (③)L 미만인 부분에는 방파판을 설치하지 아니할 수 있다.
>   - 안전장치
>   상용압력이 20kPa 이하인 탱크에 있어서는 20kPa 이상 (④)kPa 이하의 압력에서, 상용압력이 20kPa를 초과하는 탱크에 있어서는 상용압력의 (⑤)배 이하의 압력에서 작동하는 것으로 할 것

> **이동저장탱크의 구조(위험물안전관리법 시행규칙 별표 10)**
> - 이동저장탱크는 그 내부에 4,000L 이하마다 3.2mm 이상의 강철판 또는 이와 동등 이상의 강도·내열성 및 내식성이 있는 금속성의 것으로 칸막이를 설치하여야 한다. 다만, 고체인 위험물을 저장하거나 고체인 위험물을 가열하여 액체 상태로 저장하는 경우에는 그러하지 아니하다.
> - 제2호의 규정에 의한 칸막이로 구획된 각 부분마다 맨홀과 다음 각 목의 기준에 의한 안전장치 및 방파판을 설치하여야 한다. 다만, 칸막이로 구획된 부분의 용량이 2,000L 미만인 부분에는 방파판을 설치하지 아니할 수 있다.
>   - 안전장치
>   상용압력이 20kPa 이하인 탱크에 있어서는 20kPa 이상 24kPa 이하의 압력에서, 상용압력이 20kPa를 초과하는 탱크에 있어서는 상용압력의 1.1배 이하의 압력에서 작동하는 것으로 할 것

정답 ① 4,000 ② 3.2 ③ 2,000 ④ 24 ⑤ 1.1

19

위험물제조소에 다음 수량의 위험물을 저장할 때 필요한 최소 보유공지를 쓰시오.

(1) 지정수량의 1배
(2) 지정수량의 5배
(3) 지정수량의 10배
(4) 지정수량의 50배
(5) 지정수량의 200배

위험물제조소의 보유공지(위험물안전관리법 시행규칙 별표 4)

위험물의 최대수량	공지의 너비
지정수량의 10배 이하	3m 이상
지정수량의 10배 초과	5m 이상

정답 (1) 3m (2) 3m (3) 3m (4) 5m (5) 5m

20 빈출

위험물안전관리법령상 위험물 운반용기 외부에 표시해야 하는 주의사항을 쓰시오.

(1) 알칼리금속의 과산화물
(2) 철분
(3) 자연발화성 물질
(4) 제4류 위험물
(5) 제6류 위험물

위험물 유별 주의사항과 게시판(위험물안전관리법 시행규칙 별표 4, 별표 19)

유별	종류	운반용기 외부 주의사항	게시판
제1류	알칼리금속의 과산화물	가연물접촉주의, 화기·충격주의, 물기엄금	물기엄금
	그 외	가연물접촉주의, 화기·충격주의	-
제2류	철분, 금속분, 마그네슘	화기주의, 물기엄금	화기주의
	인화성 고체	화기엄금	화기엄금
	그 외	화기주의	화기주의
제3류	자연발화성 물질	화기엄금, 공기접촉엄금	화기엄금
	금수성 물질	물기엄금	물기엄금
제4류	-	화기엄금	화기엄금
제5류	-	화기엄금, 충격주의	화기엄금
제6류	-	가연물접촉주의	-

정답 (1) 가연물접촉주의, 화기·충격주의, 물기엄금 (2) 화기주의, 물기엄금 (3) 화기엄금, 공기접촉엄금 (4) 화기엄금 5) 가연물접촉주의

2021 제4회 실기[필답형] 기출복원문제

01

다음 [보기]에서 설명하는 위험물에 대하여 다음 물음에 답하시오.

[보기]
- 강산화제이다.
- 열분해 시 아질산칼륨과 산소가 발생한다.
- 흑색화약의 원료가 된다.

(1) 화학식
(2) 품명
(3) 지정수량

> 질산칼륨(KNO_3) - 제1류 위험물
> - 질산칼륨은 흑색화약의 원료로 숯, 황과 반응하여 화약을 만든다.
> - 질산칼륨은 제1류 위험물 중 질산염류로 지정수량은 300kg이다.
> - 질산칼륨의 열분해반응식: $2KNO_3 \rightarrow 2KNO_2 + O_2$
>   질산칼륨은 열분해하여 아질산칼륨과 산소를 발생한다.

정답 (1) KNO_3 (2) 질산염류 (3) 300kg

02

아세트산(초산)에 대하여 다음 물음에 답하시오.

(1) 화학식
(2) 증기비중

아세트산(초산) - 제4류 위험물(인화성 액체)			
품명	화학식	증기비중	지정수량
제2석유류 (수용성)	CH_3COOH	$\dfrac{\text{아세트산 분자량}}{\text{공기의 평균 분자량}} = \dfrac{(12 \times 2) + (1 \times 4) + (16 \times 2)}{29} = 2.068$ (C 원자량: 12, H 원자량: 1, O 원자량: 16)	2,000L

정답 (1) CH_3COOH (2) 2.07

03

다음 위험물의 화학식을 쓰시오.

(1) 과산화칼슘
(2) 과망가니즈산칼륨
(3) 질산암모늄

품명	위험물	화학식	지정수량
무기과산화물	과산화칼슘	CaO_2	50kg
과망가니즈산염류	과망가니즈산칼륨	$KMnO_4$	1,000kg
질산염류	질산암모늄	NH_4NO_3	300kg

정답 (1) CaO_2 (2) $KMnO_4$ (3) NH_4NO_3

04

옥외탱크저장소의 밸브 없는 통기관 설치기준 3가지를 쓰시오.

옥외탱크저장소의 밸브 없는 통기관 설치기준(위험물안전관리법 시행규칙 별표 6)
- 지름은 30mm 이상일 것
- 끝부분은 수평면보다 45도 이상 구부려 빗물 등의 침투를 막는 구조로 할 것
- 인화점이 38℃ 미만인 위험물만을 저장 또는 취급하는 탱크에 설치하는 통기관에는 화염방지장치를 설치하고, 그 외의 탱크에 설치하는 통기관에는 40메쉬(mesh) 이상의 구리망 또는 동등 이상의 성능을 가진 인화방지장치를 설치할 것. 다만, 인화점이 70℃ 이상인 위험물만을 해당 위험물의 인화점 미만의 온도로 저장 또는 취급하는 탱크에 설치하는 통기관에는 인화방지장치를 설치하지 않을 수 있다.
- 가연성의 증기를 회수하기 위한 밸브를 통기관에 설치하는 경우에 있어서는 당해 통기관의 밸브는 저장탱크에 위험물을 주입하는 경우를 제외하고는 항상 개방되어 있는 구조로 하는 한편, 폐쇄하였을 경우에 있어서는 10kPa 이하의 압력에서 개방되는 구조로 할 것. 이 경우 개방된 부분의 유효단면적은 777.15mm² 이상이어야 한다.

정답
(1) 지름은 30mm 이상일 것
(2) 끝부분은 수평면보다 45도 이상 구부려 빗물 등의 침투를 막는 구조로 할 것
(3) 가는 눈의 구리망 등으로 인화방지장치를 할 것

05 *빈출*

다음 위험물의 연소반응식을 쓰시오.

(1) 삼황화인
(2) 오황화인

> (1) 삼황화인의 연소반응식
>   - $P_4S_3 + 8O_2 \rightarrow 2P_2O_5 + 3SO_2$
>   - 삼황화인은 연소하여 오산화인과 이산화황을 생성한다.
> (2) 오황화인의 연소반응식
>   - $2P_2S_5 + 15O_2 \rightarrow 2P_2O_5 + 10SO_2$
>   - 오황화인은 연소하여 오산화인과 이산화황을 생성한다.

정답 (1) $P_4S_3 + 8O_2 \rightarrow 2P_2O_5 + 3SO_2$
(2) $2P_2S_5 + 15O_2 \rightarrow 2P_2O_5 + 10SO_2$

06

제2류 위험물 중 황에 대하여 다음 물음에 답하시오.

(1) 완전연소반응식
(2) 위험물의 기준
(3) 불순물이 되는 물질

> (1) 황의 완전연소반응식
>   - $S + O_2 \rightarrow SO_2$
>   - 황은 연소하여 이산화황을 생성한다.
> (2) 황은 순도가 60wt% 이상인 것을 위험물로 간주한다.
> (3) 활석 등 불연성 물질과 수분은 황의 연소를 방해하고 발화 위험을 높이는 불순물로 작용한다. 이들은 황의 순도를 낮추고 자연발화 가능성을 증가시키므로, 보관 시 제거하는 것이 중요하다.

정답 (1) $S + O_2 \rightarrow SO_2$
(2) 순도 60wt% 이상
(3) 활석 등 불연성 물질, 수분

07

다음과 같은 화학반응식이 되는 빈칸의 반응물에 대하여 다음 물음에 답하시오.

$$(\quad) + 2H_2O \rightarrow Ca(OH)_2 + 2H_2$$

(1) 품명
(2) 지정수량
(3) 위험등급

> 수소화칼슘(CaH_2) - 제3류 위험물
> - 수소화칼슘은 제3류 위험물 중 금속의 수소화물로 지정수량 300kg, 위험등급 Ⅲ등급이다.
> - 수소화칼슘과 물의 반응식: $CaH_2 + 2H_2O \rightarrow Ca(OH)_2 + 2H_2$
> - 수소화칼슘은 물과 반응하여 수산화칼슘과 수소를 발생한다.

정답 (1) 금속의 수소화물 (2) 300kg (3) 위험등급 Ⅲ등급

08

나트륨에 대하여 다음 물음에 답하시오.

(1) 물과 반응하는 화학반응식을 쓰시오.
(2) (1)에서 발생한 가연성 기체의 완전연소반응식을 쓰시오.

> (1) 나트륨과 물의 반응식
>   - $2Na + 2H_2O \rightarrow 2NaOH + H_2$
>   - 나트륨은 물과 반응하여 수산화나트륨과 가연성의 수소를 발생한다.
> (2) 수소의 완전연소반응식
>   - $2H_2 + O_2 \rightarrow 2H_2O$
>   - 수소는 연소하여 물을 생성한다.

정답 (1) $2Na + 2H_2O \rightarrow 2NaOH + H_2$
(2) $2H_2 + O_2 \rightarrow 2H_2O$

09

주유취급소의 고정주유설비에서 펌프기기 주유관 끝부분의 분당 최대배출량을 쓰시오.

(1) 휘발유
(2) 경유
(3) 등유

> **주유취급소의 위치, 구조 및 설비의 기준(위험물안전관리법 시행규칙 별표 13)**
> • 주유취급소의 고정주유설비에서 펌프기기 주유관 끝부분의 분당 최대배출량
>   - 제1석유류의 경우: 분당 50L 이하
>   - 경유의 경우: 분당 180L 이하
>   - 등유의 경우: 분당 80L 이하
> • 다만, 이동저장탱크에 주입하기 위한 고정급유설비의 펌프기기는 최대배출량이 분당 300L 이하인 것으로 할 수 있으며, 분당 배출량이 200L 이상인 것의 경우에는 주유설비에 관계된 모든 배관의 안지름을 40mm 이상으로 하여야 한다.

정답 (1) 50L (2) 180L (3) 80L

10 빈출

탄소 100kg을 완전연소시키려면 표준상태에서 몇 m³의 공기가 필요한지 구하시오. (단, 공기는 질소 79vol%, 산소 21vol%로 되어 있다.)

(1) 계산과정
(2) 답

> • 탄소의 연소반응식: $C + O_2 \rightarrow CO_2$
>   탄소는 연소하여 이산화탄소를 생성한다.
> • 탄소 질량 100kg는 100,000g이고 탄소의 원자량은 12g이므로 탄소 100kg의 몰수는 다음과 같다.
> $$\frac{\text{탄소의 질량}}{\text{탄소의 몰질량}} = \frac{100,000g}{12g/mol} = 8,333.33 mol$$
> • 탄소 1mol당 산소 1mol이 필요하므로 필요한 산소의 몰수는 탄소의 몰수와 동일하다.
> • 표준상태에서 1mol의 기체는 22.4L의 부피를 차지하므로 산소 8,333.33mol의 부피는 8,333.33 × 22.4L = 186.67m³이다.
> • 공기 중 산소는 21%이므로 필요한 공기의 부피는 다음과 같다.
> $$\text{공기부피} = \frac{\text{산소부피}}{0.21} = \frac{186.67m^3}{0.21} = 888.90m^3 \text{ (표준상태: 0℃, 1기압에서 1mol의 부피 22.4L)}$$

정답 (1) [해설참조] (2) 888.90m³

11

위험물제조소에 환기설비를 설치할 때 바닥면적에 따른 급기구의 면적을 쓰시오.

바닥면적	급기구의 면적
(①)m² 미만	150cm² 이상
(①)m² 이상 (②)m² 미만	300cm² 이상
(②)m² 이상 120m² 미만	450cm² 이상
120m² 이상 150m² 미만	(③)cm² 이상

제조소의 환기설비 설치기준(위험물안전관리법 시행규칙 별표 4)
- 환기는 자연배기방식으로 할 것
- 급기구는 당해 급기구가 설치된 실의 바닥면적 150m²마다 1개 이상으로 하되, 급기구의 크기는 800cm² 이상으로 할 것. 다만 바닥면적이 150m² 미만인 경우에는 다음의 크기로 하여야 한다.

바닥면적	급기구의 면적
60m² 미만	150cm² 이상
60m² 이상 90m² 미만	300cm² 이상
90m² 이상 120m² 미만	450cm² 이상
120m² 이상 150m² 미만	600cm² 이상

정답 ① 60 ② 90 ③ 600

12

1기압 30도에서 아세톤의 증기밀도를 구하시오.

(1) 계산과정
(2) 답

- 이상기체 방정식을 이용하여 아세톤의 증기밀도를 구하기 위해 $PV = \dfrac{wRT}{M}$의 식을 사용한다.
- 이때 밀도 $\rho = \dfrac{w}{V}$이므로 $\rho = \dfrac{PM}{RT}$이 되고 다음과 같은 식이 된다.

$$\rho = \dfrac{PM}{RT} = \dfrac{1 \times 58g/mol}{0.082 \times 303K} = 2.334g/L$$

- P: 압력(1atm)
- V: 부피(L)
- M: 분자량(g) → 아세톤(CH_3COCH_3)의 분자량 = 12 + (1 × 3) + 12 + 16 + 12 + (1 × 3) = 58g/mol
  (C 원자량: 12, H 원자량: 1, O 원자량: 16)
- R: 기체상수(0.082L · atm/mol · K)
- T: 절대온도(K, 절대온도로 변환하기 위해 273을 더한다) → 30 + 273 = 303K

정답 (1) [해설참조] (2) 2.33g/L

13

피리딘에 대하여 다음 물음에 답하시오.

(1) 구조식
(2) 증기비중

피리딘(C_5H_5N) - 제4류 위험물
- 피리딘은 6각형의 벤젠 고리와 유사하지만, 질소(N) 원자가 한 개 포함되어 있다. 질소가 방향족 고리의 한 위치를 차지하고, 고리 내 전자 분포에 영향을 미친다.
- 피리딘(C_5H_5N)의 증기비중 = $\dfrac{(12 \times 5) + (1 \times 5) + 14}{29}$ = 약 2.72

정답 (1)   (2) 2.72

14

다음 위험물의 아이오딘값 기준을 쓰시오.

(1) 건성유
(2) 불건성유

아이오딘값에 따른 동식물유류의 구분

구분	아이오딘값	종류
건성유	130 이상	동유, 아마인유
반건성유	100 초과 130 미만	참기름, 콩기름
불건성유	100 이하	피마자유, 야자유

정답 (1) 130 이상 (2) 100 이하

15 빈출

다음 위험물의 지정수량 배수의 총합은 얼마인지 쓰시오.

> 나이트로글리세린 50kg, 하이드록실아민 300kg, 트라이나이트로톨루엔 400kg

- 위험물별 지정수량

위험물	지정수량(kg)
나이트로글리세린	10
하이드록실아민	100
트라이나이트로톨루엔	10

- 지정수량 배수 = $\dfrac{\text{저장량}}{\text{지정수량}}$

- 지정수량 배수의 총합 = $\dfrac{50\text{kg}}{10\text{kg}} + \dfrac{300\text{kg}}{100\text{kg}} + \dfrac{400\text{kg}}{10\text{kg}} = 48\text{배}$

정답 48배

16 [빈출]

트라이나이트로톨루엔에 대하여 다음 물음에 답하시오.

(1) 용해성
- 물
- 벤젠
(2) 지정수량
(3) TNT를 제조할 경우 필요한 원료 2가지

> **트라이나이트로톨루엔(TNT) - 제5류 위험물**
> - 트라이나이트로톨루엔은 물에 잘 녹지 않지만, 유기 용매인 벤젠에는 용해된다.
> - 트라이나이트로톨루엔은 제5류 위험물 중 나이트로화합물로 지정수량은 10kg이다.
> - 톨루엔을 진한 질산과 진한 황산으로 나이트로화시키면 탈수되어 트라이나이트로톨루엔이 생성된다.

정답 (1) 용해성 없음 / 용해성 있음
(2) 10kg
(3) 톨루엔, 진한 질산

17

다음 위험물제조소등의 1소요단위에 해당하는 면적을 쓰시오.

(1) 내화구조인 제조소
(2) 내화구조가 아닌 제조소
(3) 내화구조인 저장소
(4) 내화구조가 아닌 저장소
(5) 내화구조인 취급소

소요단위(연면적)(위험물안전관리법 시행규칙 별표 17)

구분	외벽 내화구조	외벽 비내화구조
위험물제조소 취급소	100m²	50m²
위험물저장소	150m²	75m²

정답 (1) 100m² (2) 50m² (3) 150m²
(4) 75m² (5) 100m²

18

질산에 대하여 다음 물음에 답하시오.

(1) 단백질과 반응하여 노란색이 되는 반응의 명칭을 쓰시오.
(2) 분해하여 이산화질소, 물, 산소가 생기는 화학반응식을 쓰시오.

(1) 크산토프로테인 반응
- 크산토프로테인 반응은 단백질에 질산을 가하고 가열하여 염기성 용액을 반응시키면 노란색으로 변하는 반응이다.
- 크산토프로테인 반응은 단백질 검사나 특정 방향족 아미노산의 존재 여부를 확인하는 데 사용되는데, 단백질 분석 실험에서 질소화 반응을 통해 단백질의 존재 여부를 확인할 수 있다.

(2) 질산의 분해반응식
- $4HNO_3 \rightarrow 2H_2O + 4NO_2 + O_2$
- 질산은 분해하여 물, 이산화질소, 산소를 생성한다.

정답 (1) 크산토프로테인 반응
(2) $4HNO_3 \rightarrow 2H_2O + 4NO_2 + O_2$

19

아세트알데하이드등과 다이에틸에터등의 저장기준에 대하여 다음 빈칸을 채우시오.

(1) 옥외저장탱크·옥내저장탱크 또는 지하저장탱크 중 압력탱크에 저장하는 아세트알데하이드등 또는 다이에틸에터등의 온도는 (   ) 이하로 유지할 것
(2) 보냉장치가 있는 이동저장탱크에 저장하는 아세트알데하이드등 또는 다이에틸에터등의 온도는 당해 위험물의 (   ) 이하로 유지할 것
(3) 보냉장치가 없는 이동저장탱크에 저장하는 아세트알데하이드등 또는 다이에틸에터등의 온도는 (   ) 이하로 유지할 것

알킬알루미늄등, 아세트알데하이드등 및 다이에틸에터등의 저장기준(위험물안전관리법 시행규칙 별표 18)
- 옥외저장탱크·옥내저장탱크 또는 지하저장탱크 중 압력탱크에 저장하는 아세트알데하이드등 또는 다이에틸에터등의 온도는 40℃ 이하로 유지할 것
- 보냉장치가 있는 이동저장탱크에 저장하는 아세트알데하이드등 또는 다이에틸에터등의 온도는 당해 위험물의 비점 이하로 유지할 것
- 보냉장치가 없는 이동저장탱크에 저장하는 아세트알데하이드등 또는 다이에틸에터등의 온도는 40℃ 이하로 유지할 것

정답 (1) 40℃ (2) 비점 (3) 40℃

20

과산화수소 수용액 90wt%가 1kg 있는데 10wt% 수용액으로 만들기 위해서 첨가해야 하는 물의 질량은 몇 kg인지 구하시오.

(1) 계산과정
(2) 답

- 90wt% 과산화수소 수용액 1kg에는 90%의 과산화수소가 포함되어 있으므로 과산화수소의 질량은 다음과 같다.
  1kg × 0.9 = 0.9kg
- 최종 농도는 10wt%이므로, 전체 용액에서 과산화수소가 질량의 10%를 차지해야 한다.
- 최종 용액의 총 질량을 $(0.9 + 0.1 + x)$로 두고, x는 추가해야 할 물의 질량으로 한다.
- 과산화수소가 전체 용액 질량의 10%가 되어야 하므로, 다음과 같은 식을 세울 수 있다.

$$\frac{0.9}{0.9 + 0.1 + x} \times 100 = 10\%$$

- 따라서 추가해야 할 물의 질량(x)은 8kg이다.

정답 (1) [해설참조] (2) 8kg

CHAPTER 17
2021 제3회 실기[필답형] 기출복원문제

01

다음 제6류 위험물에 대하여 각각 화학식과 위험물 기준을 쓰시오. (해당하지 않으면 "해당 없음"이라 쓰시오.)

(1) 질산
- 화학식
- 위험물 기준

(2) 과염소산
- 화학식
- 위험물 기준

(3) 과산화수소
- 화학식
- 위험물 기준

제6류 위험물(산화성 액체)

품명	화학식	위험물 기준	지정수량
질산	HNO_3	비중 1.49 이상	300kg
과염소산	$HClO_4$	-	
과산화수소	H_2O_2	농도 36wt% 이상	

정답
(1) HNO_3 / 비중 1.49 이상
(2) $HClO_4$ / 해당 없음
(3) H_2O_2 / 농도 36wt% 이상

02 빈출

다음 위험물의 운반용기 외부에 표시하여야 하는 주의사항 및 게시판을 쓰시오. (단, 해당하지 않으면 "해당 없음"이라 쓰시오.)

(1) 제5류 위험물
- 운반용기 외부에 표시하여야 하는 주의사항
- 게시판

(2) 제6류 위험물
- 운반용기 외부에 표시하여야 하는 주의사항
- 게시판

위험물 유별 주의사항과 게시판(위험물안전관리법 시행규칙 별표 4, 별표 19)

유별	종류	운반용기 외부 주의사항	게시판
제1류	알칼리금속의 과산화물	가연물접촉주의, 화기·충격주의, 물기엄금	물기엄금
	그 외	가연물접촉주의, 화기·충격주의	-
제2류	철분, 금속분, 마그네슘	화기주의, 물기엄금	화기주의
	인화성 고체	화기엄금	화기엄금
	그 외	화기주의	화기주의
제3류	자연발화성 물질	화기엄금, 공기접촉엄금	화기엄금
	금수성 물질	물기엄금	물기엄금
제4류		화기엄금	화기엄금
제5류	-	화기엄금, 충격주의	화기엄금
제6류		가연물접촉주의	-

정답 (1) 화기엄금, 충격주의 / 화기엄금
(2) 가연물접촉주의 / 해당 없음

03

제2류 위험물 중 지정수량이 500kg인 품명 3가지를 쓰시오.

제2류 위험물(가연성 고체)

등급	품명	지정수량(kg)	위험물	분자식
II	황화인	100	삼황화인	P_4S_3
			오황화인	P_2S_5
			칠황화인	P_4S_7
	적린		적린	P
	황		황	S
III	금속분	500	알루미늄분	Al
			아연분	Zn
			안티몬	Sb
	철분		철분	Fe
	마그네슘		마그네슘	Mg
	인화성 고체	1,000	고형알코올	-

정답 철분, 마그네슘, 금속분

04

제3류 위험물 중 위험등급 Ⅰ인 품명 3가지를 쓰시오.

제3류 위험물(자연발화성 및 금수성 물질)

등급	품명	지정수량(kg)	위험물	분자식
Ⅰ	알킬알루미늄	10	트라이에틸알루미늄	$(C_2H_5)_3Al$
	칼륨		칼륨	K
	알킬리튬		알킬리튬	RLi
	나트륨		나트륨	Na
	황린	20	황린	P_4
Ⅱ	알칼리금속(칼륨, 나트륨 제외)	50	리튬	Li
			루비듐	Rb
	알칼리토금속		칼슘	Ca
			바륨	Ba
	유기금속화합물(알킬알루미늄, 알킬리튬 제외)		-	-
Ⅲ	금속의 수소화물	300	수소화칼슘	CaH_2
			수소화나트륨	NaH
	금속의 인화물		인화칼슘	Ca_3P_2
	칼슘, 알루미늄의 탄화물		탄화칼슘	CaC_2
			탄화알루미늄	Al_4C_3

정답 알킬알루미늄, 칼륨, 알킬리튬, 나트륨, 황린 중 3개

05

벽, 기둥 및 바닥이 내화구조로 된 건축물에 드럼통 3개가 들어 있다. 그림을 보고 다음 물음에 답하시오.

(1) 명칭
(2) 보유공지 1m일 때 최대 지정수량
(3) 처마의 높이

옥내저장소의 위치 · 구조 · 설비의 기준(위험물안전관리법 시행규칙 별표 5)

• 옥내저장소 보유공지

위험물 최대수량	공지의 너비	
	벽, 기둥 및 바닥: 내화구조	그 밖의 건축물
지정수량의 5배 이하	-	0.5m 이상
지정수량의 5배 초과 10배 이하	1m 이상	1.5m 이상
지정수량의 10배 초과 20배 이하	2m 이상	3m 이상
지정수량의 20배 초과 50배 이하	3m 이상	5m 이상
지정수량의 50배 초과 200배 이하	5m 이상	10m 이상
지정수량의 200배 초과	10m 이상	15m 이상

• 옥내저장소의 저장창고는 지면에서 처마까지의 높이(이하 "처마높이"라 한다)가 6m 미만인 단층건물로 하고 그 바닥을 지반면보다 높게 하여야 한다.

정답 (1) 옥내저장소 (2) 10배 (3) 6m 미만

06 ★빈출

다음 그림과 같은 원통형 위험물 저장탱크의 내용적은 몇 m³인지 구하시오.

(1) 계산과정
(2) 답

횡으로 설치한 원통형 탱크의 내용적

$$V = \pi r^2 \left(l + \frac{l_1 + l_2}{3}\right)(1 - 공간용적)$$

$$= 원의\ 면적 \times \left(가운데\ 체적길이 + \frac{양끝\ 체적길이의\ 합}{3}\right) \times (1 - 공간용적)$$

$$= \pi \times 1^2 \times \left(3 + \frac{1.5 + 1.5}{3}\right) = 12.57 m^3$$

정답 (1) [해설참조] (2) 12.57m³

07

인화점이 낮은 순서대로 쓰시오.

사이안화수소, 에틸알코올, 아세트산, 아세트알데하이드, 아닐린

위험물	품명	인화점(°C)
사이안화수소	제1석유류(수용성)	-17
에틸알코올	알코올류	13
아세트산	제2석유류(수용성)	40
아세트알데하이드	특수인화물	-38
아닐린	제3석유류(비수용성)	70

정답 아세트알데하이드, 사이안화수소, 에틸알코올, 아세트산, 아닐린

08

다음 [보기]에서 설명하는 위험물에 대하여 물음에 답하시오.

―――[보기]―――
- 부동액으로 쓰인다.
- 단맛이 나고 2가 알코올이다.
- 비중 1.113, 증기비중 2.14이다.

(1) 명칭
(2) 시성식
(3) 구조식

에틸렌글리콜 - 제4류 위험물(인화성 액체)

품명	제3석유류(수용성)	화학식	$C_2H_4(OH)_2$
밀도(비중)	1.113(물 = 1)	구조식	$HO-CH_2-CH_2-OH$
분자량	$(12 \times 2) + (1 \times 4) + (16 \times 2) + (1 \times 2) = 62g/mol$ (C 원자량: 12, H 원자량: 1, O 원자량: 16)	증기비중	$\frac{62}{29}$ = 약 2.14(공기 = 1)
끓는점	약 197.3°C	녹는점	약 -12.9°C
물성	• 무색의 점성 있는 액체 • 단맛이 있으며 물에 잘 녹음		
용도	저온에서 얼지 않는 특성이 있어 자동차 냉각 시스템의 부동액 및 냉각제로 널리 사용됨		

정답 (1) 에틸렌글리콜 (2) $C_2H_4(OH)_2$
(3)

09

다음 중 제3석유류를 모두 고르시오.

나이트로톨루엔, 나이트로벤젠, 메틸에틸케톤, 아세톤, 글리세린

위험물	품명
나이트로톨루엔	제3석유류(비수용성)
나이트로벤젠	제3석유류(비수용성)
메틸에틸케톤	제1석유류(비수용성)
아세톤	제1석유류(수용성)
글리세린	제3석유류(수용성)

정답 나이트로톨루엔, 나이트로벤젠, 글리세린

10 빈출

다음 제1류 위험물 중 물과 반응하여 산소를 발생시키는 위험물을 모두 고르시오.

과산화칼륨, 과염소산나트륨, 염소산칼륨, 과산화나트륨

- 과산화칼륨과 물의 반응식: $2K_2O_2 + 2H_2O \rightarrow 4KOH + O_2$
  과산화칼륨은 물과 반응하여 수산화칼륨과 산소를 발생한다.
- 과산화나트륨과 물의 반응식: $2Na_2O_2 + 2H_2O \rightarrow 4NaOH + O_2$
  과산화나트륨은 물과 반응하여 수산화나트륨과 산소를 발생한다.
- 과염소산나트륨, 염소산칼륨은 물과 반응성이 없다.

정답 과산화칼륨, 과산화나트륨

11

과망가니즈산칼륨에 대하여 다음 물음에 답하시오.

(1) 화학식
(2) 물과의 반응성 여부
(3) 물과 반응할 경우, 화학반응식을 쓰시오. (단, 반응하지 않을 경우 "없음"이라 쓰시오.)
(4) 수용성 여부

> **과망가니즈산칼륨($KMnO_4$)의 특징**
> (1) 산화 망가니즈(MnO_4^-) 이온을 포함하고 있어 강한 산화작용을 한다.
> (2) 물에 용해되지만 화학적으로 반응하지 않는다. 따라서 물에 녹여도 과망가니즈산칼륨의 성질이 유지되며, 산화제로 작용할 수 있다.
> (3) 물과 반응하여 다른 화합물로 변하지 않으므로, 화학반응식이 필요하지 않다.
> (4) 물에 잘 녹는 수용성 물질이다. 물에 녹이면 보라색의 용액이 형성되며, 이 용액은 산화작용을 통해 다른 물질과 반응할 수 있는데, 이 특성 때문에 소독, 정화 등의 용도로 많이 사용된다.

정답 (1) $KMnO_4$ (2) 반응하지 않음
(3) 없음 (4) 수용성

12

에틸알코올과 나트륨의 반응에 대하여 다음 물음에 답하시오.

(1) 화학반응식
(2) 에틸알코올 46g과 나트륨 23g이 반응할 때 1기압 25℃에서 발생되는 기체의 부피(L)

> (1) 화학반응식
> - $2C_2H_5OH + 2Na \rightarrow 2C_2H_5ONa + H_2$
> - 에틸알코올과 나트륨이 반응하면 나트륨에틸라이드와 수소가 생성된다.
>
> (2) 발생 기체의 부피(L)
> - 에틸알코올(C_2H_5OH)의 분자량은 46g/mol이므로 46g은 1mol이다.
> - 이상기체 방정식으로 수소의 부피를 구하기 위해 $PV = \dfrac{wRT}{M}$의 식을 사용한다.
> - $V = \dfrac{wRT}{MP}$ 이 되고, (1)의 반응식에서 에틸알코올과 수소는 2 : 1의 비율로 반응하기 때문에 다음과 같은 식이 된다.
>   (Na 원자량: 23)
> $V = \dfrac{46g \times 0.082 \times 298K}{46g/mol \times 1} \times \dfrac{1}{2} = 12.218L$

- P: 압력(1atm)
- w: 질량(g) → 에틸알코올의 질량: 46g
- M: 분자량 → 에틸알코올의 분자량 = (12 × 2) + (1 × 5) + 16 + 1 = 46g/mol (C 원자량: 12, H 원자량: 1, O 원자량: 16)
- V: 부피(L)
- n: 몰수(mol)
- R: 기체상수(0.082L · atm/mol · K)
- T: 절대온도(K, 절대온도로 변환하기 위해 273을 더한다) → 25 + 273 = 298K

정답 (1) $2C_2H_5OH + 2Na \rightarrow 2C_2H_5ONa + H_2$
(2) 12.218L

13

비중 0.8인 메틸알코올 50L를 0℃, 1기압에서 연소시킬 때 다음 물음에 답하시오.

(1) 연소반응식
(2) 산소의 부피(m^3)

(1) 메틸알코올의 연소반응식
- $2CH_3OH + 3O_2 \rightarrow 2CO_2 + 4H_2O$
- 메틸알코올은 연소하여 이산화탄소와 물을 생성한다.

(2) 필요한 산소의 부피(m^3)
- 메틸알코올의 비중이 0.8g/cm^3이고, 주어진 부피가 50L이므로, 메틸알코올의 총 질량은 다음과 같다.
  메틸알코올의 총 질량(g) = 비중(kg/L) × 부피(L) × 1,000 = 0.8 × 50 × 1,000 = 40,000g
- 메틸알코올(CH_3OH)의 분자량 = 12 + (1 × 4) + 16 = 32g/mol (C 원자량: 12, H 원자량: 1, O 원자량: 16)
- 메틸알코올의 총 몰수 = $\dfrac{질량(g)}{몰질량(g/mol)} = \dfrac{40,000}{32}$ = 1,250mol
- 메틸알코올의 연소반응식 (1)의 반응식을 통해 2mol의 메틸알코올이 3mol의 산소와 반응함을 알 수 있다.
- 메틸알코 1,250mol을 연소하기 위해 필요한 이론 산소의 몰수는 다음과 같다.

산소의 몰수 = $\dfrac{3}{2}$ × 1,250 = 1,875mol

- 따라서 표준상태에서 필요한 산소의 부피 = 1,875mol × 22.4L/mol = 42,000L = 42.0m^3
(표준상태: 0℃, 1기압에서 1mol의 부피 22.4L)

정답 (1) $2CH_3OH + 3O_2 \rightarrow 2CO_2 + 4H_2O$
(2) 42.0m^3

14

벤젠에서 수소 하나가 메틸기로 치환된 위험물에 대하여 다음 물음에 답하시오.

(1) 명칭
(2) 화학식
(3) 연소반응식

> **톨루엔($C_6H_5CH_3$) - 제4류 위험물(인화성 액체)**
> - 톨루엔은 벤젠(C_6H_6)의 수소원자 1개가 메틸기($-CH_3$)로 치환하여 생성되는 물질로 제1석유류(비수용성)이며, 지정수량은 200L이다.
> - 톨루엔을 진한 질산과 진한 황산으로 나이트로화하면 트라이나이트로톨루엔이 생성된다.
> - 톨루엔은 물에 녹지 않고 알코올, 에터, 벤젠에 녹는다.
> - 톨루엔의 연소반응식: $C_6H_5CH_3 + 9O_2 \rightarrow 7CO_2 + 4H_2O$
>   톨루엔은 연소하여 이산화탄소와 물을 생성한다.

정답
(1) 톨루엔
(2) $C_6H_5CH_3$
(3) $C_6H_5CH_3 + 9O_2 \rightarrow 7CO_2 + 4H_2O$

15

황화인에 대하여 다음 빈칸에 알맞은 말을 쓰시오.

명칭	조해성 여부	화학식	지정수량
삼황화인	비조해성	(①)	(⑤)
(②)	조해성	P_2S_5	(⑤)
칠황화인	(③)	(④)	(⑤)

품명	명칭	조해성 여부	화학식	지정수량
황화인	삼황화인	비조해성	(P_4S_3)	(100kg)
	(오황화인)	조해성	P_2S_5	(100kg)
	칠황화인	(조해성)	(P_4S_7)	(100kg)

정답 ① P_4S_3 ② 오황화인 ③ 조해성 ④ P_4S_7 ⑤ 100kg

16

불활성 가스 소화약제 IG-541의 구성성분 3가지를 쓰시오.

> **IG-541의 구성성분**
> 질소(N_2) : 아르곤(Ar) : 이산화탄소(CO_2) = 52 : 40 : 8로 혼합되어 있으며, 화재 시 산소농도를 낮춰 화재를 진압하는 역할을 한다.

정답 질소, 아르곤, 이산화탄소

17

다음 대상물과 제조소등과의 최소 안전거리를 쓰시오.

(1) 35,000V의 특고압 가공전선
(2) 주택
(3) 병원
(4) 문화재
(5) 학교

안전거리(위험물안전관리법 시행규칙 별표 4)	
구분	거리
사용전압 7,000V 초과 35,000V 이하 특고압 가공전선	3m 이상
사용전압 35,000V 초과의 특고압 가공전선	5m 이상
주거용으로 사용	10m 이상
고압가스, 액화석유가스, 도시가스를 저장·취급하는 시설	20m 이상
학교, 병원급 의료기관, 영화상영관 등 수용인원 300명 이상 복지시설, 어린이집 등 수용인원 20명 이상	30m 이상
지정문화유산, 천연기념물 등	50m 이상

정답 (1) 3m (2) 10m (3) 30m
 (4) 50m (5) 30m

18

다음 위험물에 대하여 화학식과 20℃에서 물질의 상태(고체, 액체, 기체)를 각각 쓰시오.

(1) 질산에틸
- 화학식
- 20℃에서 물질의 상태(고체, 액체, 기체로 쓰시오.)

(2) 트라이나이트로톨루엔
- 화학식
- 20℃에서 물질의 상태(고체, 액체, 기체로 쓰시오.)

- 질산에틸의 화학식: $C_2H_5ONO_2$
- 트라이나이트로톨루엔의 화학식: $C_6H_2(NO_2)_3CH_3$
- 상온 중 액체 또는 고체인 위험물 품명

품명	위험물	상태
질산에스터류	질산메틸 질산에틸 나이트로글리콜 나이트로글리세린	액체
	나이트로셀룰로오스 셀룰로이드	고체
나이트로화합물	트라이나이트로톨루엔 트라이나이트로페놀 다이나이트로벤젠 테트릴	고체

정답 (1) $C_2H_5ONO_2$ / 액체
(2) $C_6H_2(NO_2)_3CH_3$ / 고체

19

제3류 위험물 중 황린에 대하여 다음 물음에 답하시오.

(1) 보관방법
(2) 공기를 차단하고 약 260℃로 가열하면 만들어지는 동소체인 제2류 위험물의 명칭을 쓰시오.
(3) 연소 시 생성되는 물질을 화학식으로 쓰시오.
(4) 수산화칼륨 수용액과 반응하였을 때 발생하는 맹독성 가스의 화학식을 쓰시오.

> (1) 황린은 물과 반응하지 않으므로, 보호액(pH9인 물) 속에 보관한다.
> (2) 황린을 공기를 차단한 상태에서 약 260℃로 가열하면 안전성이 높은 동소체인 적린이 생성된다.
> (3) $P_4 + 5O_2 \rightarrow 2P_2O_5$: 황린은 연소하여 오산화인을 생성한다.
> (4) $P_4 + 3KOH + 3H_2O \rightarrow PH_3 + 3KH_2PO_4$: 황린은 수산화칼륨 수용액과 반응하여 포스핀과 차아인산칼륨을 생성한다. 포스핀은 독성이 있어 취급에 주의가 필요하다.

정답 (1) 보호액(pH9인 물) 속에 보관 (2) 적린 (3) P_2O_5 (4) PH_3

20

다음 위험물의 지정수량 배수의 합을 구하시오.

- 메틸에틸케톤 400L
- 아세톤 1,200L
- 등유 2,000L

(1) 계산과정
(2) 답

> • 위험물별 지정수량
>
> | 위험물 | 품명 | 지정수량 |
> | --- | --- | --- |
> | 메틸에틸케톤 | 제1석유류(비수용성) | 200L |
> | 아세톤 | 제1석유류(수용성) | 400L |
> | 등유 | 제2석유류(비수용성) | 1,000L |
>
> • 지정수량 배수 = $\dfrac{\text{저장량}}{\text{지정수량}}$
>
> • 지정수량 배수의 합 = $\dfrac{400L}{200L} + \dfrac{1,200L}{400L} + \dfrac{2,000L}{1,000L} = 7$배

정답 (1) [해설참조] (2) 7배

CHAPTER 18
2021 제2회 실기[필답형] 기출복원문제

01 빈출

다음 물음에 답하시오.

(1) 황린의 동소체인 제2류 위험물의 명칭을 쓰시오.
(2) 황린을 이용해서 (1)의 물질을 만드는 방법을 쓰시오.
(3) (1)의 물질의 연소반응식을 쓰시오.

> (1) 황린의 동소체인 제2류 위험물의 명칭은 적린이다.
> (2) 적린을 만드는 방법은 황린을 공기와 차단된 상태에서 가열하는 것이다. 황린을 약 250°C의 온도로 가열하면 적린으로 변환된다. 이 과정은 산소가 없는 환경에서 이루어져야 하며, 산소가 있으면 황린이 발화할 수 있기 때문에 주의가 필요하다.
> (3) 적린의 연소반응식
>   • $4P + 5O_2 \rightarrow 2P_2O_5$
>   • 적린은 연소하여 오산화인을 생성한다.

정답 (1) 적린
(2) 황린을 공기와 차단된 상태에서 가열한다.
(3) $4P + 5O_2 \rightarrow 2P_2O_5$

02

다음 물질의 시성식을 쓰시오.

(1) 질산메틸
(2) 트라이나이트로톨루엔(TNT)
(3) 나이트로글리세린

위험물	유별	분자식
질산메틸	제5류 위험물	CH_3ONO_2
트라이나이트로톨루엔(TNT)	제5류 위험물	$C_6H_2(NO_2)_3CH_3$
나이트로글리세린	제5류 위험물	$C_3H_5(ONO_2)_3$

정답 (1) CH_3ONO_2 (2) $C_6H_2(NO_2)_3CH_3$ (3) $C_3H_5(ONO_2)_3$

03

다음 위험물 중 제1석유류를 쓰시오.

에틸벤젠, 아세톤, 클로로벤젠, 아세트산, 포름산

제4류 위험물(인화성 액체)

위험물	품명	수용성 여부	분자식
에틸벤젠	제1석유류	비수용성	$C_6H_5C_2H_5$
아세톤	제1석유류	수용성	CH_3COCH_3
클로로벤젠	제2석유류	비수용성	C_6H_5Cl
아세트산	제2석유류	수용성	CH_3COOH
포름산	제2석유류	수용성	$HCOOH$

정답 에틸벤젠, 아세톤

04

사이안화수소에 대하여 다음 물음에 답하시오.

(1) 품명
(2) 증기비중
(3) 화학식
(4) 지정수량

사이안화수소 - 제4류 위험물

품명	화학식	지정수량	분자량	증기비중
제1석유류 (수용성)	HCN	400L	1 + 12 + 14 = 27g/mol (C 원자량: 12, H 원자량: 1, N 원자량: 14)	$\dfrac{\text{사이안화수소의 분자량}}{\text{공기의 평균 분자량}} = \dfrac{27}{29} =$ 약 0.93

정답 (1) 제1석유류 (2) 0.93 (3) HCN (4) 400L

05

분자량이 104이고 제2석유류에 속하는 물질에 대하여 다음 물음에 답하시오.

(1) 화학식
(2) 명칭
(3) 위험등급

스타이렌 - 제4류 위험물

화학식	품명	위험등급	분자량
C_8H_8	제2석유류 (비수용성)	III	$(12 \times 8) + (1 \times 8) = 104 g/mol$ (C 원자량: 12, H 원자량: 1)

정답 (1) C_8H_8 (2) 스타이렌 (3) III등급

06 빈출

탄산수소나트륨에 대하여 다음 물음에 답하시오.

(1) 1차 분해반응식을 쓰시오.
(2) 표준상태에서 이산화탄소 $200 m^3$가 발생하였다면 탄산수소나트륨은 몇 kg이 분해한 것인지 구하시오.

(1) 1차 분해반응식
- $2NaHCO_3 \rightarrow Na_2CO_3 + H_2O + CO_2$
- 탄산수소나트륨은 열분해하여 탄산나트륨, 물, 이산화탄소를 발생한다.

(2) 분해한 탄산수소나트륨의 양(kg)
- 표준상태에서 1mol의 기체는 22.4L($= 0.0224 m^3$)이므로 $200 m^3$의 이산화탄소의 몰수는 다음과 같다.
  (표준상태: 0℃, 1기압에서 1mol의 부피 22.4L)

  몰수 $= \dfrac{\text{부피}}{1몰(mol)의 \text{ 부피}} = \dfrac{200 m^3}{0.0224 m^3/mol} = 8,928.57 mol$

- (1)의 반응식에서 1mol의 이산화탄소가 생성될 때 2mol의 탄산수소나트륨이 분해되는 것을 알 수 있다. 따라서 탄산수소나트륨의 몰수는 다음과 같다.
  탄산수소나트륨의 몰수 $= 2 \times 8,928.57 mol = 17,857.14 mol$
- 탄산수소나트륨의 분자량 $= 23 + 1 + 12 + (16 \times 3) = 84 g/mol$ (C 원자량: 12, H 원자량: 1, O 원자량: 16, Na 원자량: 23)
- 따라서 탄산수소나트륨의 질량은 다음과 같다.
  $17,857.14 mol \times 84 g/mol = 1,500,000 g = 1,500 kg$

정답 (1) $2NaHCO_3 \rightarrow Na_2CO_3 + H_2O + CO_2$
(2) 1,500kg

07

다음은 동식물유류에 대한 설명이다. 다음 물음에 답하시오.

(1) 유지에 포함된 불포화지방산의 이중결합 수를 나타내는 수치로 이 수치가 높을수록 이중결합이 많은 것을 의미한다. 여기서 말하는 이 수치는 무엇인지 쓰시오.
(2) 다음 물질은 건성유, 반건성유, 불건성유 중 어디에 해당하는지 쓰시오.
   ① 야자유
   ② 아마인유

(1) 아이오딘값은 유지에 포함된 불포화지방산의 이중결합 수를 나타내는 수치로, 아이오딘값이 높을수록 이중결합이 많은 것을 의미하며 자연발화의 위험성이 높아진다.
(2) 아이오딘값에 따른 동식물유류의 구분

구분	아이오딘값	종류
건성유	130 이상	동유, 아마인유
반건성유	100 초과 130 미만	참기름, 콩기름
불건성유	100 이하	피마자유, 야자유

정답 (1) 아이오딘값
(2) ① 불건성유 ② 건성유

08

다음과 같은 Fe의 연소반응을 이용해 Fe 1kg을 연소시키는 데 필요한 산소의 부피는 몇 L인지 구하시오. (단, 표준상태이고 Fe의 원자량은 55.85이다.)

$$4Fe + 3O_2 \rightarrow 2Fe_2O_3$$

- Fe의 원자량은 55.85이므로, Fe의 몰수는 $\frac{1,000g}{55.85g/mol}$ = 17.91mol이다.
- 문제의 반응식에서 Fe와 O_2의 반응비는 4 : 3이므로, 필요한 O_2의 몰수는 17.91mol × $\frac{3}{4}$ = 13.43mol이다.
- 표준상태에서 1mol의 기체는 22.4L의 부피를 차지하므로 산소의 부피는 13.43mol × 22.4L = 300.83L이다.
  (표준상태: 0℃, 1기압에서 1mol의 부피 22.4)

정답 300.83L

09 ✈빈출

C_6H_6 30kg 연소 시 필요한 공기의 부피는 표준상태에서 몇 m^3인지 구하시오.

(1) 계산과정
(2) 답

- 벤젠(C_6H_6) 30kg의 몰수는 벤젠의 분자량이 $(12 \times 6) + (1 \times 6) = 78g/mol$이므로 $\dfrac{30,000g}{78g/mol} = 384.62 mol$이다.
  (C 원자량: 12, H 원자량: 1)
- 벤젠의 연소반응식($2C_6H_6 + 15O_2 \rightarrow 12CO_2 + 6H_2O$)에서 벤젠과 산소와의 반응비는 2 : 15로 1 : 7.5이다.
- C_6H_6 1mol당 7.5mol의 산소가 필요하므로 필요한 산소의 몰수는 $384.62 mol \times 7.5 = 2,884.65 mol$이다.
- 표준상태에서 1mol의 기체는 22.4L의 부피를 차지하므로 산소의 부피는 $2,884.65 mol \times 22.4 L/mol = 64,616 L$이고, 이를 m^3로 환산하면 $64.62 m^3$이다.
- 공기 중 산소의 부피 비율은 21%이므로 필요한 산소량에 대해 전체 공기의 부피는 $\dfrac{64.62 m^3}{0.21} = 307.71 m^3$이다.

정답 (1) [해설참조] (2) $307.71 m^3$

10

제6류 위험물에 대하여 다음 물음에 답하시오.

(1) 증기비중 3.47이고, 물과 발열반응하는 물질의 명칭과 화학식을 쓰시오.
  - 명칭
  - 화학식
(2) 단백질과 크산토프로테인반응을 하는 물질의 명칭과 화학식을 쓰시오.
  - 명칭
  - 화학식

(1) 과염소산($HClO_4$)
- 과염소산($HClO_4$)의 분자량: $1 + 35.5 + (16 \times 4) = 100.5$ (H 원자량: 1, Cl 원자량: 35.5, O 원자량: 16)
- 과염소산($HClO_4$)의 증기비중: $\dfrac{\text{과염소산의 분자량}}{\text{공기의 평균 분자량}} = \dfrac{100.5}{29} = 3.47$

(2) 질산(HNO_3)
질산(HNO_3)은 단백질과 반응하여 노란색을 띠는 크산토프로테인반응을 일으키며, 이는 단백질에 포함된 방향족 아미노산과의 화학반응이다.
(표준상태: 0℃, 1기압에서 1mol의 부피 22.4L)

정답 (1) 과염소산, $HClO_4$ (2) 질산, HNO_3

11

제2류 위험물에 대하여 괄호 안에 알맞은 말을 쓰시오.

- 인화성 고체란 (①) 그 밖에 1기압에서 인화점이 섭씨 (②)도 미만인 고체를 말한다.
- 가연성 고체란 고체로서 화염에 의한 (③)의 위험성 또는 (④)의 위험성을 판단하기 위해 고시로 정하는 시험에서 고시로 정하는 성질과 상태를 나타낸 것을 말한다.
- 황은 순도가 (⑤)wt% 이상인 것을 말한다.

> 제2류 위험물(위험물안전관리법 시행령 별표 1)
> - 인화성 고체란 고형알코올 그 밖에 1기압에서 인화점이 섭씨 40도 미만인 고체를 말한다.
> - 가연성 고체란 고체로서 화염에 의한 인화의 위험성 또는 발화의 위험성을 판단하기 위해 고시로 정하는 시험에서 고시로 정하는 성질과 상태를 나타낸 것을 말한다.
> - 황은 순도가 60wt% 이상인 것을 말한다.

정답 ① 고형알코올 ② 40 ③ 인화 ④ 발화 ⑤ 60

12

단층건물에 설치한 옥내탱크저장소에 대하여 다음 물음에 답하시오.

(1) 옥내저장탱크와 탱크전용실의 벽과의 거리는 몇 m 이하인지 쓰시오.
(2) 옥내저장탱크의 상호 간의 거리는 몇 m 이하인지 쓰시오.
(3) 경유를 저장하는 옥내저장탱크의 용량은 몇 L 이하인지 쓰시오.

> 단층건축물에 설치하는 옥내탱크저장소의 기준(위험물안전관리법 시행규칙 별표 7)
> - 옥내저장탱크와 탱크전용실의 벽과의 사이 및 옥내저장탱크의 상호 간에는 0.5m 이상의 간격을 유지할 것. 다만, 탱크의 점검 및 보수에 지장이 없는 경우에는 그러하지 아니하다.
> - 옥내저장탱크의 용량(동일한 탱크전용실에 옥내저장탱크를 2 이상 설치하는 경우에는 각 탱크의 용량의 합계를 말한다)은 지정수량의 40배(제4석유류 및 동식물유류 외의 제4류 위험물에 있어서 당해 수량이 20,000L를 초과할 때에는 20,000L) 이하일 것

정답 (1) 0.5m (2) 0.5m (3) 20,000L

13 ⭐빈출

다음 물질의 연소 형태를 쓰시오.

(1) 마그네슘분
(2) 제5류 위험물
(3) 황

고체 가연물의 연소형태
- 표면연소: 목탄, 코크스, 숯, 금속분 등
- 분해연소: 목재, 종이, 플라스틱, 섬유, 석탄 등
- 자기연소: 제5류 위험물 중 고체
- 증발연소: 파라핀(양초), 황, 나프탈렌

정답 (1) 표면연소 (2) 자기연소 (3) 증발연소

14 ⭐빈출

다음 할론번호의 화학식을 쓰시오.

(1) 할론 1011
(2) 할론 2402
(3) 할론 1301

할론명명법
C, F, Cl, Br 순으로 원소의 개수를 나열한다. 탄소(C)는 네 개의 결합을 가지므로, 할론 구조식에서 탄소에 결합된 할로겐(할로젠) 원자의 개수가 부족할 경우 나머지 결합은 수소(H)로 채워진다.
(1) Halon 1011 = CH_2ClBr
(2) Halon 2402 = $C_2F_4Br_2$
(3) Halon 1301 = CF_3Br

정답 (1) CH_2ClBr (2) $C_2F_4Br_2$ (3) CF_3Br

15

양쪽으로 볼록한 원형 탱크의 내용적을 구하는 식을 쓰시오.

횡으로 설치한 원형 탱크의 내용적

$$V = \pi r^2 \left(l + \frac{l_1 + l_2}{3} \right)(1 - 공간용적)$$

$$= 원의\ 면적 \times \left(가운데\ 체적길이 + \frac{양끝\ 체적길이\ 합}{3} \right) \times (1 - 공간용적)$$

정답 $\pi r^2 \left(l + \frac{l_1 + l_2}{3} \right)(1 - 공간용적)$

16

분자량이 158인 제1류 위험물로서 흑자색을 띠며 분해 시 산소를 발생하는 물질에 대하여 다음 물음에 답하시오.

(1) 품명
(2) 화학식
(3) 분해반응식

과망가니즈산칼륨(K_2MnO_4) - 제1류 위험물
- 과망가니즈산칼륨은 제1류 위험물로 분류되는 강력한 산화제로 품명은 과망가니즈산염류이다.
- 특유의 흑자색(보라색)을 띠며, 고체 상태에서 분해하면 산소를 발생시킨다.
- 과망가니즈산칼륨은 살균, 산화, 탈취 목적으로 주로 사용되며, 특히 수처리, 화학 합성 등에 사용된다.
- 과망가니즈산칼륨의 분해반응식: $2KMnO_4 \rightarrow K_2MnO_4 + MnO_2 + O_2$
  과망가니즈산칼륨은 분해하여 망가니즈산칼륨, 이산화망가니즈, 산소를 발생한다.

정답
(1) 과망가니즈산염류
(2) $KMnO_4$
(3) $2KMnO_4 \rightarrow K_2MnO_4 + MnO_2 + O_2$

17 ⭐빈출

다음 물질이 물과 반응하여 발생하는 가연성 기체의 화학식을 쓰시오. (단, 없으면 "없음"이라 쓰시오.)

(1) 트라이에틸알루미늄
(2) 과산화칼슘
(3) 메틸리튬

> (1) 트라이메틸알루미늄과 물의 반응식
>   - $(C_2H_5)_3Al + 3H_2O \rightarrow Al(OH)_3 + 3C_2H_6$
>   - 트라이에틸알루미늄은 물과 반응하여 수산화알루미늄과 에탄을 발생한다.
> (2) 과산화칼슘과 물의 반응식
>   - $2CaO_2 + 2H_2O \rightarrow 2Ca(OH)_2 + O_2$
>   - 과산화칼슘은 물과 반응하여 수산화칼슘과 산소를 발생한다(산소는 조연성 기체이다).
> (3) 메틸리튬과 물의 반응식
>   - $CH_3Li + H_2O \rightarrow LiOH + CH_4$
>   - 메틸리튬은 물과 반응하여 수산화리튬과 메탄을 발생한다.

정답 (1) C_6H_6 (2) 없음 (3) CH_4

18

다음 물질의 지정수량을 쓰시오.

(1) 염소산나트륨
(2) 과산화칼륨
(3) 과염소산나트륨

위험물	유별	지정수량
염소산나트륨	제1류 위험물	50kg
과산화칼륨		
과염소산나트륨		

정답 (1) 50kg (2) 50kg (3) 50kg

19

휘발유를 저장하는 옥외탱크저장소에 대하여 다음 물음에 답하시오.

(1) 하나의 방유제 내에 설치할 수 있는 탱크의 개수를 쓰시오.
(2) 방유제의 높이를 쓰시오.
(3) 하나의 방유제 내의 면적은 몇 m² 이하로 하는지 쓰시오.

> **방유제의 설치기준(위험물안전관리법 시행규칙 별표 6)**
> 제3류, 제4류 및 제5류 위험물 중 인화성이 있는 액체(이황화탄소를 제외한다)의 옥외탱크저장소의 탱크 주위에는 다음의 기준에 의하여 방유제를 설치하여야 한다.
> - 방유제는 높이 0.5m 이상 3m 이하, 두께 0.2m 이상, 지하매설깊이 1m 이상으로 할 것
> - 방유제 내의 면적은 8만m² 이하로 할 것
> - 방유제 내의 설치하는 옥외저장탱크의 수는 10(방유제 내에 설치하는 모든 옥외저장탱크의 용량이 20만L 이하이고, 당해 옥외저장탱크에 저장 또는 취급하는 위험물의 인화점이 70℃ 이상 200℃ 미만인 경우에는 20) 이하로 할 것

정답 (1) 10 이하
(2) 0.5m 이상 3m 이하
(3) 8만m² 이하

20

운반 시 다음 유별과 혼재할 수 없는 유별을 쓰시오.

(1) 제2류
(2) 제5류
(3) 제6류

유별을 달리하는 위험물 혼재기준(지정수량 1/10배 초과)(위험물안전관리법 시행규칙 별표 19)			
1	6		혼재 가능
2	5	4	혼재 가능
3	4		혼재 가능

정답 (1) 제1류 위험물, 제3류 위험물, 제6류 위험물
(2) 제1류 위험물, 제3류 위험물, 제6류 위험물
(3) 제2류 위험물, 제3류 위험물, 제4류 위험물, 제5류 위험물

2021 제1회 실기[필답형] 기출복원문제

01

마그네슘 1mol이 연소할 경우 134.7kcal의 열량이 발생한다. 다음 물음에 대하여 답하시오.

(1) 마그네슘의 연소반응식을 쓰시오.
(2) 4mol의 마그네슘이 연소할 경우 총 열량을 구하시오.

> - 마그네슘의 연소반응식: $2Mg + O_2 \rightarrow 2MgO$
>   마그네슘은 연소하여 산화마그네슘을 생성하고, 마그네슘과 산화마그네슘과의 반응비는 1 : 1이다.
> - 4mol의 마그네슘이 연소할 경우: $4Mg + 2O_2 \rightarrow 4MgO$
> - 따라서 4mol의 마그네슘이 연소할 때 발생하는 총 열량은 4mol × 134.7kcal/mol = 538.8kcal이다.

정답 (1) $2Mg + O_2 \rightarrow 2MgO$ (2) 538.8kcal

02 빈출

위험물안전관리법령에 따른 위험물의 유별 저장, 취급의 공통기준에 대하여 다음 괄호 안에 알맞은 답을 쓰시오.

- (①) 위험물은 산화제와의 접촉, 혼합이나 불티, 불꽃, 고온체와의 접근 또는 과열을 피하는 한편 철분, 금속분, 마그네슘 및 이를 함유한 것에 있어서는 물이나 산과의 접촉을 피하고 인화성 고체에 있어서는 함부로 증기를 발생시키지 아니하여야 한다.
- (②) 위험물 중 자연발화성 물질에 있어서는 불티, 불꽃 또는 고온체와의 접근, 과열 또는 공기와의 접촉을 피하고 금수성 물질에 있어서는 물과의 접촉을 피하여야 한다.
- (③) 위험물은 불티, 불꽃, 고온체와의 접근 또는 과열을 피하고, 함부로 증기를 발생시키지 아니하여야 한다.
- (④) 위험물은 가연물과의 접촉, 혼합이나 분해를 촉진하는 물품과의 접근 또는 과열, 충격, 마찰 등을 피하는 한편, 알칼리금속의 과산화물 및 이를 함유한 것에 있어서는 물과의 접촉을 피하여야 한다.
- (⑤) 위험물은 가연물과의 접촉, 혼합이나 분해를 촉진하는 물품과의 접근 또는 과열을 피하여야 한다.

> **위험물의 유별 저장·취급의 공통기준(위험물안전관리법 시행규칙 별표 18)**
> 1. 제1류 위험물은 가연물과의 접촉·혼합이나 분해를 촉진하는 물품과의 접근 또는 과열·충격·마찰 등을 피하는 한편, 알칼리금속의 과산화물 및 이를 함유한 것에 있어서는 물과의 접촉을 피하여야 한다.
> 2. 제2류 위험물은 산화제와의 접촉·혼합이나 불티·불꽃·고온체와의 접근 또는 과열을 피하는 한편, 철분·금속분·마그네슘 및 이를 함유한 것에 있어서는 물이나 산과의 접촉을 피하고 인화성 고체에 있어서는 함부로 증기를 발생시키지 아니하여야 한다.
> 3. 제3류 위험물 중 자연발화성물질에 있어서는 불티·불꽃 또는 고온체와의 접근·과열 또는 공기와의 접촉을 피하고, 금수성물질에 있어서는 물과의 접촉을 피하여야 한다.
> 4. 제4류 위험물은 불티·불꽃·고온체와의 접근 또는 과열을 피하고, 함부로 증기를 발생시키지 아니하여야 한다.
> 5. 제5류 위험물은 불티·불꽃·고온체와의 접근이나 과열·충격 또는 마찰을 피하여야 한다.
> 6. 제6류 위험물은 가연물과의 접촉·혼합이나 분해를 촉진하는 물품과의 접근 또는 과열을 피하여야 한다.

정답 ① 제2류 ② 제3류 ③ 제4류 ④ 제1류 ⑤ 제6류

03

위험물안전관리법에서 정한 주유취급소 게시판에 대한 내용이다. 다음 물음에 답하시오.

(1) 위험물 주유취급소 게시판의 바탕색과 글자색을 쓰시오.
  - 바탕색
  - 글자색
(2) 주유 중 엔진정지 표시판의 바탕색과 글자색을 쓰시오.
  - 바탕색
  - 글자색

게시판의 종류별 바탕색 및 문자색

종류	바탕색	문자색
위험물제조소등	백색	흑색
위험물	흑색	황색
주유 중 엔진정지	황색	흑색
화기엄금	적색	백색
물기엄금	청색	백색

• 주유취급소 게시판은 백색바탕에 흑색문자로 나타낸다.

정답 (1) 백색바탕, 흑색문자 (2) 황색바탕, 흑색문자

04 빈출

다음 그림을 보고 탱크의 내용적을 계산하여 쓰시오. (단, 공간용적은 탱크 내용적의 100분의 5로 한다.)

> **횡으로 설치한 원형 위험물저장탱크의 내용적**
>
> $V = \pi r^2 (l + \dfrac{l_1 + l_2}{3})(1 - 공간용적)$
>
> = 원의 면적 × (가운데 체적길이 + $\dfrac{양끝 체적길이 합}{3}$) × (1 - 공간용적)
>
> = $\pi \times 5^2 \times (10 + \dfrac{5+5}{3}) \times (1 - 0.05) = 994.84 m^3$

정답 994.84m³

05

옥내저장소에 옥내소화전설비를 4개 설치할 경우 필요한 수원의 양은 몇 m³인지 계산하시오.

> **소화설비 설치기준(위험물안전관리법 시행규칙 별표 17)**
> - 옥내소화전 = 설치개수(최대 5개) × 7.8m³
> - 옥내소화전의 수원은 층별로 최대 5개까지만 계산된다.
> - 수원의 양 = 4개 × 7.8m³ = 31.2m³

정답 31.2m³

06

다음 물질에 대하여 각각의 소요단위를 구하시오.

(1) 질산 90,000kg
(2) 아세트산 20,000L

- 위험물별 지정수량
  - 질산의 지정수량: 300kg
  - 아세트산의 지정수량: 2,000L
- 위험물의 1소요단위: 지정수량의 10배
- 질산 90,000kg의 소요단위: $\dfrac{90,000\text{kg}}{300\text{kg} \times 10} = \dfrac{90,000\text{kg}}{3,000\text{kg}} = 30$단위
- 아세트산 20,000L의 소요단위: $\dfrac{20,000\text{L}}{2,000\text{L} \times 10} = \dfrac{20,000\text{L}}{20,000\text{L}} = 1$단위

정답 (1) 30단위 (2) 1단위

07

다음 인화물을 인화점이 낮은 것부터 높은 순서대로 쓰시오.

아세트산, 아세톤, 에틸알코올, 나이트로벤젠

제4류 위험물(인화성 액체)

위험물	품명	인화점(℃)
아세트산	제2석유류(수용성)	40
아세톤	제1석유류(수용성)	−18
에틸알코올	알코올류	13
나이트로벤젠	제3석유류(비수용성)	88

정답 아세톤, 에틸알코올, 아세트산, 나이트로벤젠

08

다음 물음에 답하시오.

(1) 트라이나이트로페놀(피크린산)의 구조식을 나타내시오.
(2) 트라이나이트로톨루엔(TNT)의 구조식을 나타내시오.

구분	트라이나이트로페놀(피크린산)	트라이나이트로톨루엔(TNT)
품명	나이트로화합물	나이트로화합물
분자식	$C_6H_2(NO_2)_3OH$	$C_6H_2(NO_2)_3CH_3$
구조식	(OH이 있는 벤젠 고리에 O_2N, NO_2, NO_2 치환된 구조)	(CH_3가 있는 벤젠 고리에 O_2N, NO_2, NO_2 치환된 구조)
특징	페놀의 수산기(OH)에 세 개의 나이트로(NO_2) 그룹이 치환된 구조	톨루엔의 메틸 그룹(CH_3)에 세 개의 나이트로(NO_2) 그룹이 치환된 구조

정답 (1) 피크린산 구조식 (2) TNT 구조식

09

에틸알코올 92g과 칼륨 78g을 반응했을 때 다음 물음에 답하시오.

(1) 반응식을 쓰시오.
(2) 수소의 부피(L)를 구하시오.

- 칼륨과 에틸알코올의 반응식: $2K + 2C_2H_5OH \rightarrow 2C_2H_5OK + H_2$
  칼륨은 에틸알코올과 반응하여 칼륨에틸레이트와 수소를 발생한다.
- 에틸알코올(C_2H_5OH)의 분자량은 $(2 \times 12) + (5 \times 1) + 16 + 1 = 46g/mol$이다(C 원자량: 12, H 원자량: 1, O 원자량: 16).
- 에틸알코올 92g이 반응하였으므로 에틸알코올의 몰수는 $\frac{92g}{46g/mol} = 2mol$이다.
- 칼륨의 원자량은 39g/mol이므로 칼륨의 몰수는 $\frac{78g}{39g/mol} = 2mol$이다.
- 위의 반응식에서 2mol의 칼륨과 2mol의 에틸알코올이 반응하여 1mol의 수소가스가 발생했음을 알 수 있다.
- 표준상태에서 1mol의 기체는 22.4L의 부피를 차지하므로 수소의 부피는 $1mol \times 22.4L/mol = 22.4L$이다.
  (표준상태: 0℃, 1기압에서 1mol의 부피 22.4L)

정답 (1) $2K + 2C_2H_5OH \rightarrow 2C_2H_5OK + H_2$
(2) 22.4L

10 ✈빈출

[보기]의 위험물을 보고 다음 물음에 알맞은 답을 쓰시오.

──────────────[보기]──────────────
수소화칼륨, 리튬, 인화알루미늄, 탄화리튬, 탄화알루미늄
─────────────────────────────────

(1) 물과 반응 시 메탄을 생성하는 물질을 쓰시오.
(2) (1)의 물질이 물과 반응하는 반응식을 쓰시오.

- 수소화칼륨과 물의 반응식: $KH + H_2O \rightarrow KOH + H_2$
  수소화칼륨은 물과 반응하여 수산화칼륨과 수소를 발생한다.
- 리튬과 물의 반응식: $2Li + 2H_2O \rightarrow 2LiOH + H_2$
  리튬은 물과 반응하여 수산화리튬과 수소를 발생한다.
- 인화알루미늄과 물의 반응식: $AlP + 3H_2O \rightarrow Al(OH)_3 + PH_3$
  인화알루미늄은 물과 반응하여 수산화알루미늄과 포스핀을 발생한다.
- 탄화리튬과 물의 반응식: $Li_2C_2 + 2H_2O \rightarrow 2LiOH + C_2H_2$
  탄화리튬은 물과 반응하여 수산화리튬과 아세틸렌을 발생한다.
- 탄화알루미늄과 물의 반응식: $Al_4C_3 + 12H_2O \rightarrow 4Al(OH)_3 + 3CH_4$
  탄화알루미늄은 물과 반응하여 수산화알루미늄과 메탄을 발생한다.

정답 (1) 탄화알루미늄
(2) $Al_4C_3 + 12H_2O \rightarrow 4Al(OH)_3 + 3CH_4$

11

제4류 위험물 중 벤젠의 위험도(H)를 구하시오. (단, 벤젠의 연소범위는 1.4% ~ 7.1%이다.)

- 벤젠의 연소범위: 1.4 ~ 7.1%
- 위험도 = $\dfrac{연소상한 - 연소하한}{연소하한}$
- 벤젠의 위험도 = $\dfrac{7.1 - 1.4}{1.4}$ = 약 4.07

정답 4.07

12 ★빈출

다음 위험물을 보고 다음 물음에 알맞은 답을 쓰시오. (단, 없으면 "없음"이라 쓰시오.)

---[보기]---
삼황화인, 황린, 마그네슘, 알루미늄분, 오황화인, 적린, 황, 나트륨

(1) 물과 반응하여 수소가 발생하는 물질을 모두 쓰시오.
(2) 제2류 위험물을 모두 쓰시오.
(3) 주기율표에서 1족 원소에 해당하는 물질을 모두 쓰시오.

> (1) 물과 반응하여 수소가 발생하는 물질
> • 마그네슘과 물의 반응식: $Mg + 2H_2O \rightarrow Mg(OH)_2 + H_2$
>   마그네슘은 물과 반응하여 수산화마그네슘과 수소를 생성한다.
> • 알루미늄과 물의 반응식: $2Al + 6H_2O \rightarrow 2Al(OH)_3 + 3H_2$
>   알루미늄분은 물과 반응하여 수산화알루미늄과 수소를 생성한다.
> • 나트륨과 물의 반응식: $2Na + 2H_2O \rightarrow 2NaOH + H_2$
>   나트륨은 물과 반응하여 수산화나트륨과 수소를 생성한다.
> (2) 제2류 위험물: 삼황화인, 마그네슘, 알루미늄분, 오황화인, 적린, 황
> (3) 주기율표에서 1족 원소에 해당하는 물질: 수소, 나트륨, 리튬 등

정답 (1) 마그네슘, 알루미늄분, 나트륨
(2) 삼황화인, 마그네슘, 알루미늄분, 오황화인, 적린, 황
(3) 나트륨

13

다음 물질 중 명칭과 화학식이 다른 것의 번호를 쓰고 알맞게 고치시오.

(1) 벤젠 - C_6H_6
(2) 톨루엔 - $C_6H_2CH_3$
(3) 아세트알데하이드 - CH_3CHO
(4) 메틸알코올 - CH_3OH
(5) 아닐린 - $C_6H_2NH_2$

위험물	품명	분자식	지정수량
벤젠	제1석유류(비수용성)	C_6H_6	200L
톨루엔	제1석유류(비수용성)	$C_6H_5CH_3$	200L
아세트알데하이드	특수인화물	CH_3CHO	50L
메틸알코올	알코올류	CH_3OH	400L
아닐린	제3석유류(비수용성)	$C_6H_5NH_2$	2,000L

정답 (2) 톨루엔 – $C_6H_5CH_3$ (5) 아닐린 – $C_6H_5NH_2$

14 빈출

다음 위험물의 연소반응식을 쓰시오.

(1) 삼황화인
(2) 오황화인

(1) 삼황화인의 연소반응식
  • $P_4S_3 + 8O_2 \rightarrow 2P_2O_5 + 3SO_2$
  • 삼황화인은 연소하여 오산화인과 이산화황을 생성한다.
(2) 오황화인의 연소반응식
  • $2P_2S_5 + 15O_2 \rightarrow 2P_2O_5 + 10SO_2$
  • 오황화인은 연소하여 오산화인과 이산화황을 생성한다.

정답 (1) $P_4S_3 + 8O_2 \rightarrow 2P_2O_5 + 3SO_2$
(2) $2P_2S_5 + 15O_2 \rightarrow 2P_2O_5 + 10SO_2$

15 빈출

다음은 위험물안전관리법령상 위험물의 운반에 관한 기준이다. 다음을 보고 운반용기 외부에 표시하여야 하는 주의사항을 모두 쓰시오.

(1) 제2류 위험물 중 인화성 고체
(2) 제4류 위험물
(3) 제6류 위험물

위험물 유별 운반용기 외부 주의사항과 게시판(위험물안전관리법 시행규칙 별표 4, 별표 19)

유별	종류	운반용기 외부 주의사항	게시판
제1류	알칼리금속의 과산화물	가연물접촉주의, 화기·충격주의, 물기엄금	물기엄금
	그 외	가연물접촉주의, 화기·충격주의	-
제2류	철분, 금속분, 마그네슘	화기주의, 물기엄금	화기주의
	인화성 고체	화기엄금	화기엄금
	그 외	화기주의	화기주의
제3류	자연발화성 물질	화기엄금, 공기접촉엄금	화기엄금
	금수성 물질	물기엄금	물기엄금
제4류	–	화기엄금	화기엄금
제5류	–	화기엄금, 충격주의	화기엄금
제6류	–	가연물접촉주의	-

정답 (1) 화기엄금 (2) 화기엄금 (3) 가연물접촉주의

16

다음 제1류 위험물의 지정수량을 각각 쓰시오.

(1) $K_2Cr_2O_7$

(2) K_2O_2

(3) $KMnO_4$

(4) $KClO_3$

(5) KNO_3

제1류 위험물(산화성 고체)

위험물	분자식	품명	지정수량
다이크로뮴산칼륨	$K_2Cr_2O_7$	다이크로뮴산염류	1,000kg
과산화칼륨	K_2O_2	무기과산화물	50kg
과망가니즈산칼륨	$KMnO_4$	과망가니즈산염류	1,000kg
염소산칼륨	$KClO_3$	염소산염류	50kg
질산칼륨	KNO_3	질산염류	300kg

정답 (1) 1,000kg (2) 50kg (3) 1,000kg (4) 50kg (5) 300kg

17

다음 위험물에 대하여 품명과 지정수량을 각각 쓰시오.

(1) $C_3H_5(ONO_2)_3$
 - 품명
 - 지정수량
(2) $C_6H_2CH_3(NO_2)_3$
 - 품명
 - 지정수량

위험물	분자식	품명	지정수량(kg)
나이트로글리세린	$C_3H_5(ONO_2)_3$	질산에스터류	10
트라이나이트로톨루엔	$C_6H_2CH_3(NO_2)_3$	나이트로화합물(1종)	10

정답 (1) 유기과산화물, 10kg (2) 나이트로화합물, 10kg

18 빈출

위험물안전관리법령상 다음 위험물과 같이 적재하여 운반하여도 되는 위험물은 몇 류 위험물인지 모두 쓰시오. (단, 지정수량의 10배인 경우이다.)

(1) 제4류 위험물
(2) 제5류 위험물
(3) 제6류 위험물

유별을 달리하는 위험물 혼재기준(지정수량 1/10배 초과)(위험물안전관리법 시행규칙 별표 19)

1	6		혼재 가능
2	5	4	혼재 가능
3	4		혼재 가능

정답 (1) 제2류 위험물, 제3류 위험물, 제5류 위험물
(2) 제2류 위험물, 제4류 위험물
(3) 제1류 위험물

19

제4류 위험물로서 분자량이 약 58이고, 일광에 의해 분해되어 과산화물을 생성하며, 피부 접촉 시 탈지작용이 일어나는 물질에 대하여 다음 각 물음에 답하시오.

(1) 위 물질의 화학식을 쓰시오.
(2) 위 물질의 지정수량을 쓰시오.

아세톤 – 제4류 위험물

품명	제1석유류(수용성)	지정수량	400L
화학식	CH_3COCH_3	물리적 상태	상온에서 무색의 휘발성 액체
분자량	$12 + (1 \times 3) + 12 + 16 + 12 + (1 \times 3) = 58g/mol$ (C 원자량: 12, H 원자량: 1, O 원자량: 16)	증기비중	$\frac{58}{29} = 2$
끓는점	약 56°C	인화점	-18°C(극히 인화성)
용도	• 산업용 용제: 페인트, 래커, 접착제, 코팅제 등을 제조하는 데 사용되는 용제로서, 다른 화학 물질을 빠르게 용해하는 능력이 뛰어남 • 제약 및 화장품 산업: 약품의 추출 및 정제 과정, 화장품 제품(네일 폴리쉬 리무버 등)의 성분으로 사용됨		

정답 (1) CH_3COCH_3 (2) 400L

20 빈출

제2류 위험물인 적린에 대하여 다음 물음에 알맞은 답을 쓰시오.

(1) 지정수량을 쓰시오.
(2) 연소할 경우 발생하는 기체의 명칭을 쓰시오.
(3) 제3류 위험물 중 동소체 관계를 갖는 물질의 명칭을 쓰시오.

적린 – 제2류 위험물
- 적린의 지정수량: 100kg
- 적린의 연소반응식: $4P + 5O_2 \rightarrow 2P_2O_5$
  적린은 연소하여 오산화인을 생성한다.
- 적린(P)과 황린(P_4)은 동소체 관계이다.

정답 (1) 100kg (2) 오산화인 (3) 황린

PART 03

위험물기능사 실기[필답형] 모의고사

Chapter 01 위험물기능사 실기[필답형] 모의고사
Chapter 02 위험물기능사 실기[필답형] 모의고사 정답 및 해설

국가기술자격 제1회 실기 모의고사

종 목	시험시간	배 점	문제수	형 별
위험물기능사	1시간 30분	100	14	A

성 명	
수험번호	
감독확인	

* 다음 물음에 답을 해당 답란에 답하시오. (배점: 100, 문제수: 14)

1. 피크린산의 구조식을 그리시오. ★빈출

득점	배점
	6

2. 이동탱크저장소에서 이동저장탱크는 그 내부에 몇 L 이하마다 3.2mm 이상의 강철판 또는 이와 동등 이상의 강도·내열성 및 내식성이 있는 금속성의 것으로 칸막이를 설치하여야 하는지 쓰시오. (단, 원칙적인 경우에 한함)

득점	배점
	7

3. 제4류 위험물을 취급하는 위험물제조소와 고등교육법에서 정하는 학교 간에는 몇 m 이상의 안전거리를 확보해야 하는지 쓰시오.

4. 다음은 분말 소화약제의 주성분이다. 해당하는 소화약제 종별을 구분하여 쓰시오. ★빈출

   (1) 탄산수소나트륨

   (2) 인산염류

   (3) 탄산수소칼륨 + 요소

5. 나이트로화합물 중 폭약의 폭발력의 표준이 되는 물질로 톨루엔과 혼산(질산 + 황산)으로 나이트로화시켜 만드는 제5류 위험물의 명칭을 쓰시오. ★빈출

6. 위험물안전관리법령에서 정한 다음 위험물의 지정수량을 쓰시오.

   (1) 삼산화크로뮴

   (2) 과산화칼륨

   (3) 염소산칼륨

7. 제6류 위험물에 적응성이 있는 소화설비를 다음에서 모두 골라 번호를 쓰시오.

> ① 옥내소화전설비
> ② 불활성 가스 소화설비
> ③ 할로겐(할로젠)화합물 소화설비
> ④ 탄산수소염류 등의 분말 소화설비
> ⑤ 포 소화설비

8. 제6류 위험물 중 다음 설명에 해당되는 것을 화학식으로 쓰시오.

> • 분자량: 100.5
> • 비중: 1.76
> • 증기비중: 3.5

9. 2몰의 염소산칼륨이 완전 열분해될 때 생성되는 산소의 양(g)을 구하시오.

  (1) 계산과정

  (2) 답

10. 위험물안전관리법령상 제1류 위험물 중 알칼리금속의 과산화물의 운반용기 외부에 표시해야 하는 주의사항을 모두 쓰시오.

11. 탄산수소나트륨 소화약제가 열분해되는 화학반응식을 쓰시오.

12. Halon 1211의 화학식을 쓰시오.

13. 칼륨이 다음 물질과 반응할 때의 화학반응식을 각각 쓰시오.

    (1) 물

    (2) 에틸알코올

14. 위험물안전관리법령상 간이저장탱크의 용량은 몇 L 이하이어야 하는지 쓰시오.

국가기술자격 제2회 실기 모의고사

종 목	시험시간	배 점	문제수	형별
위험물기능사	1시간 30분	100	13	A

성 명	
수험번호	
감독확인	

* 다음 물음에 답을 해당 답란에 답하시오. (배점: 100, 문제수: 13)

1. 위험물안전관리법령상 제4류 위험물 중 위험등급 Ⅰ과 위험등급 Ⅱ에 대항하는 품명을 구분하여 모두 쓰시오.

    (1) 위험등급 Ⅰ

    (2) 위험등급 Ⅱ

득점	배점
	8

2. 다음 분말 소화약제의 주성분을 화학식으로 쓰시오. ★빈출

    (1) 제1종 분말 소화약제

    (2) 제2종 분말 소화약제

    (3) 제3종 분말 소화약제

득점	배점
	8

3. 금속나트륨과 에틸알코올이 반응하여 수소를 발생하는 화학반응식을 쓰시오.

4. 아연분에 대하여 다음 각 물음에 답하시오.

   (1) 공기 중 수분에 의한 화학반응식을 쓰시오.

   (2) 염산과 반응할 경우 발생 기체는 무엇인지 쓰시오.

5. 과산화나트륨과 물이 반응하였을 때와 과산화나트륨과 이산화탄소가 반응하였을 때 공통적으로 생성되는 물질의 화학식을 쓰시오.

6. 위험물안전관리법령상 제5류 위험물 운반용기 외부에 표시해야 하는 주의사항을 모두 쓰시오.

7. 위험물안전관리법령상 "위험물제조소"라는 표시를 한 표지를 설치할 때의 기준에 대하여 다음 물음에 답하시오.

   (1) 표지 크기 기준에 대하여 쓰시오.

   (2) 표지의 바탕과 문자의 색상을 쓰시오.

8. 이황화탄소가 완전연소할 때 연소반응식을 쓰시오.

9. 탄소 100kg을 완전연소시키려면 표준상태에서 공기 몇 m³가 필요한지 구하시오. (단, 공기는 질소 79vol%, 산소 21vol%로 되어 있다.)

   (1) 계산과정

   (2) 답

10. 탄화칼슘 1mol과 물 2mol이 반응할 때 생성되는 기체를 쓰고, 그 기체는 표준상태를 기준으로 몇 L가 생성되는지 쓰시오. ★빈출

   (1) 생성 기체

   (2) 생성량(L)

11. 위험물안전관리법령상 위험물은 지정수량의 몇 배를 1소요단위로 하는지 쓰시오.

12. 위험물안전관리법령상 이동탱크저장소의 탱크는 강철판의 두께가 몇 mm 이상이어야 하는지 쓰시오.

13. 다음 물질의 화학식을 각각 쓰시오.

   (1) 에틸렌글리콜

   (2) 초산에틸

   (3) 피리딘

국가기술자격 제3회 실기 모의고사

종 목	시험시간	배 점	문제수	형 별
위험물기능사	1시간 30분	100	13	A

성 명	
수험번호	
감독확인	

* 다음 물음에 답을 해당 답란에 답하시오. (배점: 100, 문제수: 13)

1. 톨루엔을 진한 질산과 진한 황산으로 나이트로화시키면 탈수되어 무엇이 생성되는지 쓰시오. ★빈출

    [배점 7]

2. 분말소화기에서 ABC 분말 소화약제의 2차 열분해반응식을 쓰시오. ★빈출

    [배점 7]

3. [보기]의 설명 중 과염소산에 대한 내용으로 옳은 것을 모두 선택하여 그 번호를 쓰시오.

    ─────[보기]─────
    ① 분자량은 약 78이다.
    ② 분자량은 약 63이다.
    ③ 무색의 액체이다.
    ④ 짙은 푸른색을 나타내는 액체이다.
    ⑤ 농도가 36wt% 미만인 것은 위험물에 해당하지 않는다.
    ⑥ 가열분해 시 유독한 HCl 가스를 발생한다.

    [배점 8]

4. 알루미늄 분말이 고온의 물과 반응하여 수소를 발생하는 화학반응식을 쓰시오.

5. 다음 위험물의 위험물안전관리법령상 품명을 쓰시오.

   (1) 아세트알데하이드

   (2) 아닐린

   (3) 톨루엔

6. 적린 연소 시 생성되는 흰 연기의 화학식을 쓰시오.

7. 다음 [보기] 중 질산에스터류에 해당하는 물질을 모두 쓰시오.

   ─────[보기]─────
   트라이나이트로톨루엔, 나이트로셀룰로오스, 나이트로글리세린, 테트릴, 질산메틸, 피크린산

8. 제3류 위험물 중 위험등급 Ⅲ에 해당하는 위험물 품명은 지정수량이 얼마인지 쓰시오.

9. 위험물안전관리법령상 지하저장탱크를 2개 이상 인접하게 설치하면 그 상호 간의 간격은 얼마 이상으로 하여야 하는지 쓰시오. (단, 원칙적인 경우에 한한다)

10. 과산화나트륨이 물과 반응하여 산소를 발생하는 화학반응식을 쓰시오. ★빈출

11. 과산화수소 1,200kg, 질산 600kg, 과염소산 900kg을 같은 장소에 저장하려 할 때 각 위험물의 지정수량 배수의 총합은 얼마인지 구하시오. ★빈출

　　(1) 계산과정

　　(2) 답

12. 다음 위험물의 지정수량을 쓰시오.

    (1) C₂H₅OC₂H₅

    (2) (CH₃)₂CHNH₂

    (3) 동식물유류

13. 제5류 위험물제조소의 주의사항 게시판에 대하여 다음 각 물음에 대한 답을 쓰시오.

    (1) 게시판의 바탕색을 쓰시오.

    (2) 게시판의 문자색을 쓰시오.

    (3) 표시해야 하는 주의사항을 쓰시오.

국가기술자격 제4회 실기 모의고사

종 목	시험시간	배 점	문제수	형 별
위험물기능사	1시간 30분	100	13	A

성 명	
수험번호	
감독확인	

* 다음 물음에 답을 해당 답란에 답하시오. (배점: 100, 문제수: 13)

1. 위험물안전관리법령상 제4류 위험물과 같이 적재하여 운반하여도 되는 위험물은 제 몇 류 위험물인지 모두 쓰시오. ★빈출

2. 벤젠에 대한 다음 물음에 답을 쓰시오.

   (1) 증기비중을 구하시오. (단, 계산식과 함께 쓰시오.)

   (2) 완전연소반응식을 쓰시오.

   (3) 위험물안전관리법령상 지정수량은 얼마인지 쓰시오.

3. 제6류 위험물의 운반용기 외부에 표시해야 하는 주의사항을 쓰시오. ★빈출

4. 다음 각 종별에 따른 분말 소화약제의 주성분을 쓰시오.

   (1) 제1종

   (2) 제2종

   (3) 제3종

5. 다음 각 물질의 시성식을 쓰시오.

   (1) 포름산에틸

   (2) 메틸에틸케톤

   (3) 톨루엔

6. 황 32g을 완전연소시킬 때 27°C에서 몇 L의 SO_2가 생성되는지 구하시오. (단, 압력은 1atm이고 황의 원자량은 32이다.)

   (1) 계산과정

   (2) 답

7. 다음 Halon 번호에 해당하는 화학식을 쓰시오.

    (1) Halon 2402

    (2) Halon 1211

8. 다음 물질 중 위험물안전관리법령상 제1석유류에 속하는 물질을 모두 쓰시오.

    아세트산, 포름산, 아세톤, 클로로벤젠, 에틸벤젠, 경유

9. 제6류 위험물의 옥내탱크저장소의 기준에 대하여 다음 물음에 답하시오.

    (1) 옥내저장탱크와 탱크전용실의 벽과의 사이 및 옥내저장탱크 상호 간에는 몇 m 이상의 간격을 유지하여야 하는지 쓰시오. (단, 탱크의 점검 및 보수에 지장이 없는 경우는 제외한다.)

    (2) 옥내저장탱크의 용량은 지정수량의 몇 배 이하이어야 하는지 쓰시오.

10. 수소화나트륨이 습한 공기 중에서 물과 반응하여 수소기체를 발생하는 반응식을 쓰시오.

11. 위험물안전관리법령상 제4류 위험물 중 일부 품명에 속하는 위험물의 이동탱크저장소에는 기준에 의하여 접지도선을 설치하여야 한다. 그에 해당하는 위험물안전관리법령상의 품명을 모두 쓰시오.

12. 옥내소화전설비의 설치기준에 대하여 다음 ( ) 안에 알맞은 수치를 쓰시오.

    옥내소화전은 제조소등의 건축물의 층마다 당해 층의 각 부분에서 하나의 호스접속구까지 수평거리가 (①)m 이하가 되도록 설치할 것. 이 경우 옥내소화전은 각 층의 출입구 부근에 (②)개 이상 설치하여야 한다.

13. 아세트알데하이드등의 저장기준에 대하여 다음 ( ) 안에 알맞은 용어 또는 수치를 쓰시오.

    (1) 보냉장치가 있는 이동저장탱크에 저장하는 아세트알데하이드등의 온도는 당해 위험물의 ( ) 이하로 유지할 것

    (2) 보냉장치가 없는 이동저장탱크에 저장하는 아세트알데하이드등의 온도는 ( )℃ 이하로 유지할 것

국가기술자격 제5회 실기 모의고사

종 목	시험시간	배점	문제수	형별
위험물기능사	1시간 30분	100	14	A

성 명	
수험번호	
감독확인	

★ 다음 물음에 답을 해당 답란에 답하시오. (배점: 100, 문제수: 14)

1. 다음에서 설명하는 위험물의 완전연소반응식을 쓰시오.

   - 은백색의 광택이 있는 경금속이다.
   - 칼로 잘리는 무른 금속이다.
   - 원자량은 39, 비중은 약 0.86이다.

2. 다음 위험물의 주된 연소 형태를 [보기] 중에 1가지 선택하여 쓰시오. ★빈출

   [보기]
   표면연소, 분해연소, 증발연소, 자기연소, 예혼합연소, 확산연소

   (1) 나프탈렌

   (2) 석탄

   (3) 금속분

3. 다음 위험물 중 비수용성인 것을 모두 쓰시오. (단, 해당하는 물질이 없을 경우에는 "없음"이라 쓰시오.)

   에틸알코올, 이황화탄소, 아세트알데하이드, 벤젠, 아세트산

4. 트라이에틸알루미늄이 물과 접촉하면 발생하는 가연성 가스의 화학식을 쓰시오.

5. 다음은 물분무 소화설비의 설치기준이다. ( ) 안에 알맞은 수치를 쓰시오.

   (1) 방호대상물의 표면적이 150m²인 경우 물분무 소화설비의 방사구역은 (　　)m² 이상으로 할 것

   (2) 수원의 수량은 분무헤드가 가장 많이 설치된 방사구역의 모든 분무헤드를 동시에 사용할 경우에 당해 방사구역의 표면적 1m²당 1분당 (　　)L의 비율로 계산한 양으로 (　　)분 간 방사할 수 있는 양 이상이 되도록 설치할 것

6. 지정수량의 10배 이상의 위험물을 운송할 경우 제6류 위험물과 혼재할 수 없는 위험물은 제 몇 류 위험물인지 모두 쓰시오.

7. 동식물유류를 아이오딘값에 따라 분류할 때 야자유와 같이 아이오딘값이 100 이하인 것을 무엇이라 하는지 쓰시오.

8. 제4류 위험물 중 특수인화물인 C₂H₅OC₂O₅의 연소범위가 1.9~48%라고 할 때 위험도를 구하시오.

   (1) 계산과정

   (2) 답

9. 벤젠의 수소원자 1개를 메틸기로 치환하면 생성되는 물질의 명칭과 지정수량을 쓰시오.

   (1) 물질명

   (2) 지정수량

10. 분말 소화약제 NH₄H₂PO₄ 115g이 열분해할 경우 몇 g의 HPO₃가 생기는지 화학반응식을 쓰고, 그 답을 구하시오. (단, P의 원자량은 31이다.) ★빈출

    (1) 화학반응식

    (2) 계산과정

    (3) 얻을 수 있는 HPO₃의 g수

11. 다음 위험물의 시성식을 쓰시오.

    (1) 에틸렌글리콜

    (2) 나이트로벤젠

    (3) 아닐린

12. 불활성 가스 소화약제 IG-541의 구성성분 3가지를 쓰시오.

13. 경유 600L, 중유 200L, 등유 300L, 톨루엔 400L를 보관하고 있다. 위험물안전관리법령상 각 위험물의 지정수량의 배수의 합은 얼마인지 구하시오.

    (1) 계산과정

    (2) 답

14. 위험물제조소의 옥외에 용량이 500L와 200L인 액체위험물(이황화탄소 제외) 취급탱크 2기가 있다. 2기의 탱크 주위에 하나의 방유제를 설치하는 경우 방유제의 용량은 얼마 이상이 되게 하여야 하는지 쓰시오. (단, 지정수량 이상을 취급하는 경우이다.)

    (1) 계산과정

    (2) 답

Chapter 02 위험물기능사 실기[필답형] 모의고사 정답 및 해설

국가기술자격 제1회 실기 모의고사

1

피크린산(트라이나이트로페놀): $C_6H_2(NO_2)_3OH$

2 4,000L

이동저장탱크 설비기준(위험물안전관리법 시행규칙 별표 10)
칸막이는 4,000L 이하마다 3.2mm 이상의 강철판 또는 이와 동등 이상의 강도·내식성 및 내열성이 있는 금속성의 것으로 설치해야 한다.

3 30m 이상

위험물제조소의 안전거리(위험물안전관리법 시행규칙 별표 4)

구분	거리
사용전압 7,000V 초과 35,000V 이하 특고압 가공전선	3m 이상
사용전압 35,000V 초과의 특고압 가공전선	5m 이상
주거용으로 사용	10m 이상
고압가스, 액화석유가스, 도시가스를 저장 취급하는 시설	20m 이상
학교, 병원급 의료기관, 영화상영관 등 수용인원 300명 이상 복지시설, 어린이집 등 수용인원 20명 이상	30m 이상
지정문화유산 및 천연기념물	50m 이상

4 (1) 제1종 분말 소화약제 (2) 제3종 분말 소화약제 (3) 제4종 분말 소화약제

분말 소화약제의 종류

약제명	주성분	분해식	색상	적응화재
제1종	탄산수소나트륨	$2NaHCO_3 \rightarrow Na_2CO_3 + CO_2 + H_2O$	백색	BC
제2종	탄산수소칼륨	$2KHCO_3 \rightarrow K_2CO_3 + CO_2 + H_2O$	보라색 (담회색)	BC
제3종	인산암모늄	1차: $NH_4H_2PO_4 \rightarrow NH_3 + H_3PO_4$ 2차: $NH_4H_2PO_4 \rightarrow NH_3 + HPO_3 + H_2O$	담홍색	ABC
제4종	탄산수소칼륨 + 요소	-	회색	BC

5 트라이나이트로톨루엔(TNT)

트라이나이트로톨루엔[$C_6H_2(NO_2)_3CH_3$]은 톨루엔과 질산을 진한 황산 촉매하에 반응시켜 얻는다.

$C_6H_5CH_3 + 3HNO_3 \xrightarrow{H_2SO_4} C_6H_2(NO_2)_3CH_3 + 3H_2O$

6 (1) 300kg (2) 50kg (3) 50kg

위험물	삼산화크로뮴	과산화칼륨	염소산칼륨
품명	제1류 위험물	제1류 위험물	제1류 위험물
지정수량	300kg	50kg	50kg

7 ①, ⑤
제6류 위험물은 물과 반응성이 없으므로 주로 주수소화한다.

8 $HClO_4$
과염소산($HClO_4$) - 제6류 위험물
- 분자량 = 1 + 35.5 + (16 × 4) = 100.5g/mol (Cl 원자량: 35.5, H 원자량: 1, O 원자량: 16)
- 비중: 1.76
- 증기비중 = $\dfrac{\text{과염소산 분자량}}{\text{공기의 평균 분자량}}$ = $\dfrac{100.5}{29}$ = 3.5

9 (1) [해설참조] (2) 96g
- 염소산칼륨의 열분해반응식: $2KClO_3 \rightarrow 2KCl + 3O_2$
  염소산칼륨은 열분해하여 2mol의 염화칼륨과 3mol의 산소를 생성한다.
- 산소 1mol의 분자량은 16 × 2 = 32g/mol이므로, 생성되는 산소의 양은 3mol × 32g/mol = 96g이다.

10 가연물접촉주의, 화기·충격주의, 물기엄금
위험물 유별 운반용기 외부 주의사항과 게시판(위험물안전관리법 시행규칙 별표 4, 별표 19)

유별	종류	운반용기 외부 주의사항	게시판
제1류	알칼리금속의 과산화물	가연물접촉주의, 화기·충격주의, 물기엄금	물기엄금
	그 외	가연물접촉주의, 화기·충격주의	-
제2류	철분, 금속분, 마그네슘	화기주의, 물기엄금	화기주의
	인화성 고체	화기엄금	화기엄금
	그 외	화기주의	화기주의
제3류	자연발화성 물질	화기엄금, 공기접촉엄금	화기엄금
	금수성 물질	물기엄금	물기엄금
제4류	-	화기엄금	화기엄금
제5류	-	화기엄금, 충격주의	화기엄금
제6류	-	가연물접촉주의	-

11 $2NaHCO_3 \rightarrow Na_2CO_3 + H_2O + CO_2$
탄산수소나트륨($NaHCO_3$) - 제1종 분말 소화약제
- 탄산수소나트륨의 열분해반응식: $2NaHCO_3 \rightarrow Na_2CO_3 + H_2O + CO_2$
- 탄산수소나트륨은 열분해되어 탄산나트륨, 물, 이산화탄소를 생성한다.

12 CF_2ClBr

할론명명법

C, F, Cl, Br 순으로 원소의 개수를 나열한다. 탄소(C)는 네 개의 결합을 가지므로, 할론 구조식에서 탄소에 결합된 할로겐(할로젠) 원자의 개수가 부족할 경우 나머지 결합은 수소(H)로 채워진다.

Halon 1211 = CF_2ClBr

13 (1) $2K + 2H_2O \rightarrow 2KOH + H_2$ (2) $2K + 2C_2H_5OH \rightarrow 2C_2H_5OK + H_2$

(1) 칼륨과 물의 반응식
- $2K + 2H_2O \rightarrow 2KOH + H_2$
- 칼륨은 물과 반응하여 수산화칼륨과 수소를 발생한다.

(2) 칼륨과 에틸알코올의 반응식
- 칼륨은 에틸알코올과 반응하여 칼륨에틸레이트와 수소를 발생한다.
- $2K + 2C_2H_5OH \rightarrow 2C_2H_5OK + H_2$

14 600L 이하

간이저장탱크의 용량은 600L 이하이어야 한다(위험물안전관리법 시행규칙 별표 9).

국가기술자격 제2회 실기 모의고사

1 (1) 특수인화물 (2) 제1석유류, 알코올류

(1) 제4류 위험물 중 위험등급 I 인 위험물: 특수인화물
(2) 제4류 위험물 중 위험등급 II 인 위험물: 제1석유류, 알코올류

2 (1) $NaHCO_3$ (2) $KHCO_3$ (3) $NH_4H_2PO_4$

분말 소화약제의 종류

소화약제	명칭	주성분	적응화재	소화효과
1종	탄산수소나트륨	$NaHCO_3$	BC	질식·억제 (부촉매)
2종	탄산수소칼륨	$KHCO_3$	BC	
3종	인산암모늄	$NH_4H_2PO_4$	ABC	
4종	탄산수소칼륨 + 요소	$KHCO_3 + (NH_2)_2CO$	BC	

3 $2Na + 2C_2H_5OH \rightarrow 2C_2H_5ONa + H_2$

금속나트륨과 에틸알코올의 반응식
- $2Na + 2C_2H_5OH \rightarrow 2C_2H_5ONa + H_2$
- 금속나트륨은 에틸알코올과 반응하여 나트륨에틸레이트와 수소를 발생한다.

4 (1) $Zn + 2H_2O \rightarrow Zn(OH)_2 + H_2$ (2) 수소(H_2)

(1) 아연과 물의 반응식
- $Zn + 2H_2O \rightarrow Zn(OH)_2 + H_2$
- 아연은 물과 반응하여 수산화아연과 수소를 발생한다.

(2) 아연과 염산의 반응식
- $Zn + 2HCl \rightarrow ZnCl_2 + H_2$
- 아연은 염산과 반응하여 염화아연과 수소를 발생한다.

5 O_2(산소)
- 과산화나트륨과 물의 반응식: $2Na_2O_2 + 2H_2O \rightarrow 4NaOH + O_2$
 과산화나트륨은 물과 반응하여 수산화나트륨과 산소를 발생한다.
- 과산화나트륨과 이산화탄소의 반응식: $2Na_2O_2 + 2CO_2 \rightarrow 2Na_2CO_3 + O_2$
 과산화나트륨은 이산화탄소와 반응하여 탄산나트륨과 산소를 발생한다.

6 화기엄금, 충격주의

위험물 유별 운반용기 외부 주의사항과 게시판(위험물안전관리법 시행규칙 별표 4, 별표 19)

유별	종류	운반용기 외부 주의사항	게시판
제1류	알칼리금속의 과산화물	가연물접촉주의, 화기·충격주의, 물기엄금	물기엄금
	그 외	가연물접촉주의, 화기·충격주의	-
제2류	철분, 금속분, 마그네슘	화기주의, 물기엄금	화기주의
	인화성 고체	화기엄금	화기엄금
	그 외	화기주의	화기주의
제3류	자연발화성 물질	화기엄금, 공기접촉엄금	화기엄금
	금수성 물질	물기엄금	물기엄금
제4류		화기엄금	화기엄금
제5류	-	화기엄금, 충격주의	화기엄금
제6류		가연물접촉주의	-

7 (1) 한 변의 길이가 0.3m 이상이고, 다른 한 변의 길이는 0.6m 이상인 직사각형 (2) 백색바탕, 흑색문자

표지의 설치기준(위험물안전관리법 시행규칙 별표 4)
제조소에는 보기 쉬운 곳에 다음의 기준에 따라 "위험물 제조소"라는 표시를 한 표지를 설치하여야 한다.
- 표지는 한 변의 길이가 0.3m 이상, 다른 한 변의 길이가 0.6m 이상인 직사각형으로 할 것
- 표지의 바탕은 백색으로, 문자는 흑색으로 할 것

위험물 제조소

8 $CS_2 + 3O_2 \rightarrow CO_2 + 2SO_2$
- 이황화탄소의 연소반응식: $CS_2 + 3O_2 \rightarrow CO_2 + 2SO_2$
- 이황화탄소는 연소하여 이산화탄소와 이산화황을 생성한다.

9 (1) [해설참조] (2) 888.90m³

- 탄소의 연소반응식: $C + O_2 \rightarrow CO_2$
  탄소는 연소하여 이산화탄소를 생성한다.
- 탄소 질량 100kg는 100,000g이고 탄소의 원자량은 12g이므로 탄소 100kg의 몰수는 다음과 같다.

  $\dfrac{\text{탄소의 질량}}{\text{탄소의 몰질량}} = \dfrac{100,000\text{g}}{12\text{g/mol}} = 8,333.33\text{mol}$

- 탄소 1mol당 산소 1mol이 필요하므로 필요한 산소의 몰수는 탄소의 몰수와 동일하다.
- 표준상태에서 1mol의 기체는 22.4L의 부피를 차지하므로 산소 8,333.33mol의 부피는 8,333.33 × 22.4L = 186.67m³이다.
- 공기 중 산소는 21%이므로 필요한 공기의 부피는 다음과 같다.

  → 공기부피 = $\dfrac{\text{산소부피}}{0.21} = \dfrac{186.67\text{m}^3}{0.21}$ = 888.90m³ (표준상태: 0℃, 1기압에서 1mol의 부피 22.4L)

10 (1) 아세틸렌 (2) 22.4L

(1) 생성 기체
- 탄화칼슘과 물의 반응식: $CaC_2 + 2H_2O \rightarrow Ca(OH)_2 + C_2H_2$
- 탄화칼슘은 물과 반응하여 수산화칼슘과 아세틸렌을 발생한다.

(2) 생성량(L)
- (1)의 반응식을 통해 탄화칼슘 1mol과 물 2mol이 반응하여 아세틸렌 1mol이 발생됨을 확인할 수 있다.
- 표준상태에서 1mol의 기체는 22.4L의 부피를 차지하므로 생성되는 아세틸렌의 부피는 1mol × 22.4L/mol = 22.4L이다.
  (표준상태: 0℃, 1기압에서 1mol의 부피 22.4L)

11 10배

위험물은 지정수량의 10배를 1소요단위로 한다(위험물안전관리법 시행규칙 별표 17).

12 3.2mm

이동저장탱크 설비기준(위험물안전관리법 시행규칙 별표 10)
이동저장탱크는 그 내부에 4,000L 이하마다 3.2mm 이상의 강철판 또는 이와 동등 이상의 강도·내열성 및 내식성이 있는 금속성의 것으로 칸막이를 설치하여야 한다.

13 (1) $C_2H_4(OH)_2$ (2) $CH_3COOC_2H_5$ (3) C_5H_5N

제4류 위험물

위험물	품명	분자식	특징
에틸렌글리콜	제3석유류(수용성)	$C_2H_4(OH)_2$	• 무색, 무취의 점성이 있는 액체 • 독성이 있음 • 주로 부동액 및 냉각제로 사용됨
초산에틸 (아세트산에틸)	제1석유류(비수용성)	$CH_3COOC_2H_5$	에스터류로, 아세트산과 에틸알코올이 결합한 에스터
피리딘	제1석유류(수용성)	C_5H_5N	• 무색 액체로, 특유의 불쾌한 냄새를 지님 • 주로 화학반응에서 용매로 사용되며, 약물 합성에 중요한 중간체로 사용됨

국가기술자격 제3회 실기 모의고사

1 트라이나이트로톨루엔(TNT)
톨루엔을 진한 질산과 진한 황산으로 나이트로화시키면 탈수되어 트라이나이트로톨루엔(TNT, $C_6H_2(NO_2)_3CH_3$)이 생성된다.

2 $NH_4H_2PO_4 \rightarrow NH_3 + HPO_3 + H_2O$

분말 소화약제의 종류

약제명	주성분	분해식	색상	적응화재
제1종	탄산수소나트륨	$2NaHCO_3 \rightarrow Na_2CO_3 + CO_2 + H_2O$	백색	BC
제2종	탄산수소칼륨	$2KHCO_3 \rightarrow K_2CO_3 + CO_2 + H_2O$	보라색(담회색)	BC
제3종	인산암모늄	1차: $NH_4H_2PO_4 \rightarrow NH_3 + HPO_4$ 2차: $NH_4H_2PO_4 \rightarrow NH_3 + HPO_3 + H_2O$	담홍색	ABC
제4종	탄산수소칼륨 + 요소	-	회색	BC

3 ③, ⑥

과염소산 - 제6류 위험물
- 과염소산($HClO_4$)의 분자량은 100.5g/mol이다.
  (Cl 원자량: 35.5, H 원자량: 1, O 원자량: 16)
- 과염소산은 무색의 액체로 존재하며, 고농도 과염소산은 강력한 산화제이자 부식성 액체이다.
- 과염소산은 농도와 관계없이 위험물로 취급된다. 과산화수소의 경우 농도가 36wt% 이상이면 위험물에 해당한다.
- 과염소산의 가열분해반응식: $HClO_4 \rightarrow HCl + 2O_2$
  과염소산은 가열되면 분해하여 유독한 염화수소(HCl) 가스와 산소를 방출한다.

4 $2Al + 6H_2O \rightarrow 2Al(OH)_3 + 3H_2$

알루미늄과 물의 반응식
- $2Al + 6H_2O \rightarrow 2Al(OH)_3 + 3H_2$
- 알루미늄분은 물과 반응하여 수산화알루미늄과 수소를 발생한다.

5 (1) 특수인화물 (2) 제3석유류 (3) 제1석유류
- 아세트알데하이드(CH_3CHO)는 제4류 위험물 중 특수인화물이다.
- 아닐린($C_6H_5NH_2$)은 제4류 위험물 중 제3석유류이다.
- 톨루엔($C_6H_5CH_3$)은 제4류 위험물 중 제1석유류이다.

6 P_2O_5

적린의 연소반응식
- $4P + 5O_2 \rightarrow 2P_2O_5$
- 적린은 연소 시 흰 연기의 오산화인을 생성한다.

7 나이트로셀룰로오스, 나이트로글리세린, 질산메틸

품명	위험물	상태
질산에스터류	질산메틸 질산에틸 나이트로글리콜 나이트로글리세린	액체
	나이트로셀룰로오스 셀룰로이드	고체
나이트로화합물	트라이나이트로톨루엔 트라이나이트로페놀 다이나이트로벤젠 테트릴	고체

8 300kg

제3류 위험물(자연발화성 및 금수성 물질)

등급	품명	지정수량(kg)	위험물	분자식
I	알킬알루미늄	10	트라이에틸알루미늄	$(C_2H_5)_3Al$
	칼륨		칼륨	K
	알킬리튬		알킬리튬	RLi
	나트륨		나트륨	Na
II	황린	20	황린	P_4
	알칼리금속(칼륨, 나트륨 제외)	50	리튬	Li
			루비듐	Rb
	알칼리토금속		칼슘	Ca
			바륨	Ba
	유기금속화합물(알킬알루미늄, 알킬리튬 제외)		–	–
III	금속의 수소화물	300	수소화칼슘	CaH_2
			수소화나트륨	NaH
	금속의 인화물		인화칼슘	Ca_3P_2
	칼슘, 알루미늄의 탄화물		탄화칼슘	CaC_2
			탄화알루미늄	Al_4C_3

9 1m 이상

지하저장탱크의 위치, 구조 및 설비의 기준(위험물안전관리법 시행규칙 별표 8)
지하저장탱크를 2 이상 인접해 설치하는 경우에는 그 상호간에 1m(당해 2 이상의 지하저장탱크의 용량의 합계가 지정수량의 100배 이하인 때에는 0.5m) 이상의 간격을 유지하여야 한다.

10 $2Na_2O_2 + 2H_2O \rightarrow 4NaOH + O_2$

과산화나트륨과 물의 반응식
- $2Na_2O_2 + 2H_2O \rightarrow 4NaOH + O_2$
- 과산화나트륨은 물과 반응하여 수산화나트륨과 산소를 생성한다.

11 (1) [해설참조] (2) 9배

- 과산화수소, 질산, 과염소산은 제6류 위험물로 지정수량이 300kg이다.
- 지정수량 배수 = $\dfrac{\text{저장량}}{\text{지정수량}}$
- 지정수량 배수의 총합 = $\dfrac{1{,}200\text{kg}}{300\text{kg}} + \dfrac{600\text{kg}}{300\text{kg}} + \dfrac{900\text{kg}}{300\text{kg}} = 9$배

12 (1) 50L (2) 50L (3) 10,000L

(1) 다이에틸에터($C_2H_5OC_2H_5$)의 지정수량: 50L
(2) 이소프로필아민[$(CH_3)_2CHNH_2$]의 지정수량: 50L
(3) 동식물유류의 지정수량: 10,000L

13 (1) 적색 (2) 백색 (3) 화기엄금

위험물 유별 운반용기 외부 주의사항과 게시판(위험물안전관리법 시행규칙 별표 4, 별표 19)

유별	종류	운반용기 외부 주의사항	게시판
제1류	알칼리금속의 과산화물	가연물접촉주의, 화기·충격주의, 물기엄금	물기엄금
	그 외	가연물접촉주의, 화기·충격주의	-
제2류	철분, 금속분, 마그네슘	화기주의, 물기엄금	화기주의
	인화성 고체	화기엄금	화기엄금
	그 외	화기주의	화기주의
제3류	자연발화성 물질	화기엄금, 공기접촉엄금	화기엄금
	금수성 물질	물기엄금	물기엄금
제4류	-	화기엄금	화기엄금
제5류	-	화기엄금, 충격주의	화기엄금
제6류		가연물접촉주의	-

게시판의 종류별 바탕색 및 문자색

종류	바탕색	문자색
위험물제조소등	백색	흑색
위험물	흑색	황색
주유 중 엔진정지	황색	흑색
화기엄금	적색	백색
물기엄금	청색	백색

국가기술자격 제4회 실기 모의고사

1 제2류 위험물, 제3류 위험물, 제5류 위험물
유별을 달리하는 위험물 혼재기준(지정수량의 1/10배 초과)(위험물안전관리법 시행규칙 별표 19)

1	6		혼재 가능
2	5	4	혼재 가능
3	4		혼재 가능

2 (1) 2.69 (2) $2C_6H_6 + 15O_2 \rightarrow 12CO_2 + 6H_2O$ (3) 200L

(1) 벤젠의 증기비중
- 벤젠(C_6H_6)의 분자량 = $(12 \times 6) + (1 \times 6) = 78g/mol$ (C 원자량: 12, H 원자량: 1)
- 증기비중 = $\dfrac{분자량}{29(공기의 평균 분자량)}$
- 벤젠의 증기비중 = $\dfrac{(12 \times 6) + (1 \times 6)}{29} = \dfrac{78}{29} = 2.69$

(2) 벤젠의 완전연소반응식
- $2C_6H_6 + 15O_2 \rightarrow 12CO_2 + 6H_2O$
- 벤젠은 완전연소하여 이산화탄소와 물을 생성한다.

(3) 벤젠의 지정수량
벤젠은 제4류 위험물 중 제1석유류 비수용성으로 지정수량은 200L이다.

3 가연물접촉주의

위험물 유별 운반용기 외부 주의사항과 게시판(위험물안전관리법 시행규칙 별표 4, 별표 19)

유별	종류	운반용기 외부 주의사항	게시판
제1류	알칼리금속의 과산화물	가연물접촉주의, 화기·충격주의, 물기엄금	물기엄금
	그 외	가연물접촉주의, 화기·충격주의	-
제2류	철분, 금속분, 마그네슘	화기주의, 물기엄금	화기주의
	인화성 고체	화기엄금	화기엄금
	그 외	화기주의	화기주의
제3류	자연발화성 물질	화기엄금, 공기접촉엄금	화기엄금
	금수성 물질	물기엄금	물기엄금
제4류		화기엄금	화기엄금
제5류	-	화기엄금, 충격주의	화기엄금
제6류		가연물접촉주의	-

4 (1) 탄산수소나트륨($NaHCO_3$) (2) 탄산수소칼륨($KHCO_3$) (3) 인산암모늄($NH_4H_2PO_4$)

분말 소화약제의 종류

약제명	주성분	분해식	색상	적응화재
제1종	탄산수소나트륨	$2NaHCO_3 \rightarrow Na_2CO_3 + CO_2 + H_2O$	백색	BC
제2종	탄산수소칼륨	$2KHCO_3 \rightarrow K_2CO_3 + CO_2 + H_2O$	보라색 (담회색)	BC
제3종	인산암모늄	1차: $NH_4H_2PO_4 \rightarrow NH_3 + HPO_4$ 2차: $NH_4H_2PO_4 \rightarrow NH_3 + HPO_3 + H_2O$	담홍색	ABC
제4종	탄산수소칼륨 + 요소	-	회색	BC

5 (1) HCOOC$_2$H$_5$ (2) CH$_3$COC$_2$H$_5$ (3) C$_6$H$_5$CH$_3$

6 (1) [해설참조] (2) 24.6L
- 황의 연소반응식: S + O$_2$ → SO$_2$
  황은 산소와 반응하여 이산화황을 발생한다.
- 황(S)의 원자량은 32g/mol이므로 32g은 1mol이다.
- 이상기체 방정식으로 이산화황의 부피를 구하기 위해 PV = nRT의 식을 이용한다.

$$V = \frac{nRT}{P} = \frac{1 \times 0.082 \times 300}{1} = 24.6L$$

[P(압력) = 1atm, n(이산화황 몰수) = 1mol, R(기체상수) = 0.082L · atm · k^{-1} · mol^{-1}, T(절대온도) = 273 + 27 = 300K]

7 (1) C$_2$F$_4$Br$_2$ (2) CF$_2$ClBr

할론명명법
C, F, Cl, Br 순으로 원소의 개수를 나열한다. 탄소(C)는 네 개의 결합을 가지므로, 할론 구조식에서 탄소에 결합된 할로겐(할로젠) 원자의 개수가 부족할 경우 나머지 결합은 수소(H)로 채워진다.
(1) Halon 2402 = C$_2$F$_4$Br$_2$
(2) Halon 1211 = CF$_2$ClBr

8 아세톤, 에틸벤젠

제4류 위험물 중 제1석유류는 다음과 같다.

위험물	품명
아세트산	제2석유류
포름산	제2석유류
아세톤	제1석유류
클로로벤젠	제2석유류
에틸벤젠	제1석유류
경유	제2석유류

9 (1) 0.5m (2) 40배 이하

옥내저장탱크 저장소의 기준(위험물안전관리법 시행규칙 별표 7)
- 옥내저장탱크와 탱크전용실의 벽과의 사이 및 옥내저장탱크의 상호 간에는 0.5m 이상의 간격을 유지한다.
- 옥내저장탱크의 용량은 지정수량의 40배 이하여야 한다.

10 NaH + H$_2$O → NaOH + H$_2$

수소화나트륨과 물의 반응식
- NaH + H$_2$O → NaOH + H$_2$
- 수소화나트륨은 물과 반응하여 수산화나트륨과 수소를 발생한다.

11 특수인화물, 제1석유류, 제2석유류

접지도선의 설치기준(위험물안전관리법 시행규칙 별표 10)
제4류 위험물 중 특수인화물, 제1석유류 또는 제2석유류의 이동탱크저장소에는 다음의 기준에 의하여 접지도선을 설치하여야 한다.
- 양도체의 도선에 비닐 등의 전열차단재료로 피복하여 끝부분에 접지전극등을 결착시킬 수 있는 클립(clip) 등을 부착할 것
- 도선이 손상되지 아니하도록 도선을 수납할 수 있는 장치를 부착할 것

12 ① 25 ② 1

옥내소화전의 설치기준(위험물안전관리법 시행규칙 별표 17)
- 층마다 그 층의 부분에서 하나의 호스접속구까지의 수평거리는 25m 이하가 되도록 해야 한다.
- 각 층의 출입구 부근에 1개 이상 설치한다.

13 (1) 비점 (2) 40

아세트알데하이드등의 저장기준(위험물안전관리법 시행규칙 별표 18)

보냉장치 있는 경우	보냉장치 없는 경우
이동저장탱크에 저장하는 아세트알데하이드등의 온도는 당해 위험물의 비점 이하로 유지할 것	이동저장탱크에 저장하는 아세트알데하이드등의 온도는 40℃ 이하로 유지할 것

국가기술자격 제5회 실기 모의고사

1 $4K + O_2 \rightarrow 2K_2O$
- 칼륨의 완전연소반응식
  - $4K + O_2 \rightarrow 2K_2O$
  - 칼륨은 완전연소하여 산화칼륨을 생성한다.
- 칼륨의 특징
  - 물, 알코올과 반응하여 수소 발생
  - 공기 중 물과 닿지 않도록 석유(등유, 경유) 속에 저장
  - 주수소화 금지하고 탄산수소염류 분말 소화약제, 팽창질석, 마른모래 등으로 질식소화 해야 함

2 (1) 증발연소 (2) 분해연소 (3) 표면연소

고체 가연물의 연소형태
- 표면연소: 목탄, 코크스, 숯, 금속분 등
- 분해연소: 목재, 종이, 플라스틱, 섬유, 석탄 등
- 자기연소: 제5류 위험물 중 고체
- 증발연소: 파라핀(양초), 황, 나프탈렌 등

3 이황화탄소, 벤젠

위험물별 수용성 여부

위험물	수용성 여부
에틸알코올	수용성
이황화탄소	비수용성
아세트알데하이드	수용성
벤젠	비수용성
아세트산	수용성

4 C_2H_6

트라이에틸알루미늄과 물의 반응식
- $(C_2H_5)_3Al + 3H_2O \rightarrow Al(OH)_3 + 3C_2H_6$
- 트라이에틸알루미늄은 물과 반응하여 수산화알루미늄과 에탄을 생성한다.

5 (1) 150   (2) 20, 30

물분무 소화설비의 설치기준(위험물안전관리법 시행규칙 별표 17)
- 방호대상물의 표면적이 150m²인 경우 물분무 소화설비의 방사구역은 150m² 이상으로 할 것
- 수원의 수량은 분무헤드가 가장 많이 설치된 방사구역의 모든 분무헤드를 동시에 사용할 경우에 당해 방사구역의 표면적 1m²당 1분당 20L의 비율로 계산한 양으로 30분간 방사할 수 있는 양 이상이 되도록 설치할 것

6 제2류 위험물, 제3류 위험물, 제4류 위험물, 제5류 위험물

유별을 달리하는 위험물 혼재기준(지정수량의 1/10배 초과)(위험물안전관리법 시행규칙 별표 19)

1	6		혼재 가능
2	5	4	혼재 가능
3	4		혼재 가능

7 불건성유

아이오딘값에 따른 동식물유류의 구분

구분	아이오딘값	종류
건성유	130 이상	동유, 아마인유
반건성유	100 초과 130 미만	참기름, 콩기름
불건성유	100 이하	피마자유, 야자유

8 (1) [해설참조]   (2) 24.26

- 다이에틸에터($C_2H_5OC_2H_5$)의 연소범위: 1.9 ~ 48%
- 위험도 = $\dfrac{\text{연소상한} - \text{연소하한}}{\text{연소하한}}$
- 위험도 = $\dfrac{48 - 1.9}{1.9}$ = 24.26

9 (1) 톨루엔   (2) 200L

톨루엔 – 제4류 위험물(인화성 액체)
- 톨루엔($C_6H_5CH_3$)은 벤젠의 수소원자 1개가 메틸기로 치환하여 생성되는 물질로 제1석유류(비수용성)이며, 지정수량은 200L이다.
- 톨루엔을 진한 질산과 진한 황산으로 나이트로화하면 트라이나이트로톨루엔이 생성된다.
- 물에 녹지 않고 알코올, 에터, 벤젠에 녹는다.

10 (1) $NH_4H_2PO_4 \rightarrow NH_3 + HPO_3 + H_2O$ (2) [해설참조] (3) 80g

- 분말 소화약제의 종류

약제명	주성분	분해식	색상	적응화재
제1종	탄산수소나트륨	$2NaHCO_3 \rightarrow Na_2CO_3 + CO_2 + H_2O$	백색	BC
제2종	탄산수소칼륨	$2KHCO_3 \rightarrow K_2CO_3 + CO_2 + H_2O$	보라색 (담회색)	BC
제3종	인산암모늄	1차: $NH_4H_2PO_4 \rightarrow NH_3 + HPO_4$ 2차: $NH_4H_2PO_4 \rightarrow NH_3 + HPO_3 + H_2O$	담홍색	ABC
제4종	탄산수소칼륨 + 요소	-	회색	BC

- 인산암모늄($NH_4H_2PO_4$)은 열분해하여 암모니아, 메타인산, 물이 생성된다.
- 인산암모늄($NH_4H_2PO_4$) 115g은 1mol이다.
- 인산암모늄과 메타인산의 반응비는 1 : 1이므로 메타인산(HPO_3)의 질량은 $1 + 31 + (16 \times 3) = 80g$이다.

11 (1) $C_2H_4(OH)_2$ (2) $C_6H_5NO_2$ (3) $C_6H_5NH_2$

위험물	품명	분자식	특징
에틸렌글리콜	제3석유류	$C_2H_4(OH)_2$	• 무색, 무취의 점성이 있는 액체 • 독성이 있음 • 주로 부동액 및 냉각제로 사용됨
나이트로벤젠	제3석유류	$C_6H_5NO_2$	황색의 기름 같은 액체로, 아몬드 냄새가 남
아닐린	제3석유류	$C_6H_5NH_2$	• 무색에서 약간 황색을 띠는 액체로, 특유의 냄새가 남 • 염료, 약품, 고무 화학제품의 제조에 사용됨

12 질소, 아르곤, 이산화탄소

IG-541의 구성성분

질소(N_2) : 아르곤(Ar) : 이산화탄소(CO_2) = 52 : 40 : 8로 혼합되어 있으며, 화재 시 산소농도를 낮춰 화재를 진압하는 역할을 한다.

13 (1) [해설참조] (2) 3배

- 위험물별 지정수량

위험물	품명	지정수량
경유	제2석유류(비수용성)	1,000L
중유	제3석유류(비수용성)	2,000L
등유	제2석유류(비수용성)	1,000L
톨루엔	제1석유류(비수용성)	200L

- 지정수량 배수 = $\dfrac{저장량}{지정수량}$

- 지정수량 배수의 총합 = $\dfrac{600L}{1,000L} + \dfrac{200L}{2,000L} + \dfrac{300L}{1,000L} + \dfrac{400L}{200L} = 3배$

14 (1) [해설참조] (2) 270L

위험물제조소 옥외 위험물취급탱크의 방유제 용량

탱크 2기인 경우 = (최대탱크용량 × 0.5) + (나머지 탱크용량 × 0.1)
                = (500L × 0.5) + (200L × 0.1) = 270L

MEMO

성공은 결코 우연이 아니다. 성공은 노력, 인내, 학습, 공부, 희생,
그리고 무엇보다도 자신이 하고 있거나 배우고 있는 일에 대한 사랑이다.
(Success is no accident. It is hard work, perseverance, learning, studying, sacrifice and most of all,
love of what you are doing or learning to do.)

펠레(Pele)

성공의 커다란 비결은
결코 지치지 않는 인간으로 인생을 살아가는 것이다.
(A great secret of success is to go through life as a man who never gets used up.)

알버트 슈바이처(Albert Schweitzer)

박문각 자격증 시리즈
위험물기능사 실기

초판인쇄	2026. 1. 15
초판발행	2026. 1. 20

편 저 자	김연진
발 행 인	박용
출판총괄	김현실
개발책임	이성준
편집개발	김태희, 김지은
마 케 팅	김치환, 최지희
일러스트	㈜ 유미지

발 행 처	㈜ 박문각출판
출판등록	등록번호 제2019-000137호
주 소	06654 서울시 서초구 효령로 283 서경B/D 4층
전 화	(02) 6466-7202
팩 스	(02) 584-2927
홈페이지	www.pmgbooks.co.kr

ISBN	979-11-7519-296-6
	979-11-7519-294-2(세트)
정가	22,900원

저자와의
협의 하에
인지 생략

이 책의 무단 전재 또는 복제 행위는 저작권법 제 136조에 의거, 5년 이하의 징역 또는 5,000만원 이하의 벌금에 처하거나 이를 병과할 수 있습니다.